浙江省社科联社科普及课题"探寻浙里的丝绸之旅"（20KPDO1YB）研究成果

探寻"浙"里的丝绸之旅

茅惠伟／徐铮／方舒弘 著

东华大学出版社·上海

图书在版编目（CIP）数据

探寻"浙"里的丝绸之旅 / 茅惠伟, 徐铮, 方舒弘著. -- 上海 : 东华大学出版社, 2023.8
　　ISBN 978-7-5669-2253-3

Ⅰ. ①探… Ⅱ. ①茅… ②徐… ③方… Ⅲ. ①丝绸—文化史—研究—浙江 Ⅳ. ①TS14-092

中国国家版本馆CIP数据核字（2023）第147450号

责任编辑：张力月
封面设计：101STUDIO

探寻"浙"里的丝绸之旅
TANXUN ZHE LI DE SICHOU ZHI LÜ

著　　者　茅惠伟　徐　铮　方舒弘
插　　图　徐茜雅　殷文琦
出　　版　东华大学出版社（上海市延安西路1882号，邮政编码：200051）
本 社 网 址　http://dhupress.dhu.edu.cn
天猫旗舰店　http://dhdx.tmall.com
营 销 中 心　021-62193056　62373056　62379558
印　　刷　上海当纳利印刷有限公司
开　　本　889mm×1194mm　1/24
印　　张　7.5
字　　数　270千字
版　　次　2023年8月第1版
印　　次　2023年8月第1次印刷
书　　号　ISBN 978-7-5669-2253-3
定　　价　88.00元

前　言

　　纵观中华民族发明创造的历史，丝绸最早闪现其光芒。她比人们熟知的中国四大发明都要古老得多，而她对人类的贡献又绝不逊色于四大发明。锦绣丝绸为中国赢得了"丝绸之国"的雅誉。丝绸来自桑蚕，桑蚕丝绸在本质上是一项科学技术的发明创造。中国的先人们栽桑养蚕，并让其吐丝结茧，巧织经纬将蚕丝织成锦绮，还用印花、刺绣等技术让虚幻仙境和真实自然在织物上得以体现。在发明丝绸的过程中，先民们克服了许多困难，也创造出许多发明成果，如把野桑蚕驯化成为家蚕，这是生物学史上一项极难的成果，人类驯化的昆虫至今只有家蚕和蜜蜂两种。又如创造脚踏板作为机构动力来控制织机，对机构史产生了很大的影响。丝织中最为巧妙和重要的设计，当属在提花机上装载专门的花本以控制织物图案。古代的织机就如今天的计算机一般神奇。

　　丝绸不仅是中国古代最为重要的发明创造之一，同时她又与华夏文化息息相关。几千年来，桑叶田田，男耕女织，是中国古代最动人的农耕风景。虽然印度历史上很早就有利用野蚕丝生产织物的记载，但几千年后，它们还是野蚕，没有被驯化，也就是说利用野蚕丝只是当时的偶然行为。丝绸真正的起源地是中国，丝绸的诞生得益于中国独特的文化背景。同时丝绸文化也是一座博大精深的宝库，为华夏文化带来了取之不尽的创作灵感，文学、艺术、礼仪等方面几乎处处可以看到丝绸生产及其科学技术的影子。在中国早期的物质文明中，丝、漆、玉、瓷都是其代表，丝绸占有重要一席；在后期中国主要的出口商品丝、茶、瓷中，丝的出口也占极大比重。因此，丝绸是中国之珍，东方之宝。

　　浙江素有"丝绸之府"之称。宁波井头山遗址出土了距今8000年的桑木桨，余姚河姆渡遗址出土了7000年前的蚕纹牙雕，这些都揭示了浙江的先人很可能在新石器时代已经学会了栽桑养蚕。湖州钱山漾遗址出土的距今4000年的绢片，安吉五福村出土的战国末至西汉初的珍贵绫纹罗，同样让我们窥到了浙江丝绸的历史之久。唐代白居易在《缭绫》一诗中吟唱道："缭绫缭绫何所似？不似罗绡与纨绮。应似天台山上明月前，四十五尺瀑布泉。"如此精美的丝织品，正是产自浙江。北宋时期，浙江是全国染织中心之一。当时全国租税和上贡的丝织品，黄河流域占三分之一，长江中、下游各占三分之一。其中，两浙一路（相当于现在的浙江）就占全国总数的四分之一。在各地上贡的八类丝织品中，两浙罗、绢、绸、丝绵四项产品为各路之首。这些数据都反映了浙江地区丝织业在北宋时已跻身全国前列。近年来浙江考古史上最重要的南宋丝织品出自浙江黄岩赵伯澐墓，同时赵伯澐墓出土的南宋丝织品也是浙江历史上最为集中和顶级的，让我们领略了南宋古人丰富的服装形制、多样的丝绸纹饰和齐备的丝织品种，是为浙江从丝绸之源走向丝绸之府的重要见证。正是在南宋时期，中国的社会、经济、丝绸生产重心南移，以明州（今浙江宁波）作为始发港之一的海上丝绸之路在对外交流中占据日益重要的地位，浙江沿海的明州、温州、台州等地的对外丝绸贸易日渐兴盛，浙江真正成为了"丝绸之府"。旧时的浙江地区无地不桑、无地不蚕，无论技术还是工艺，都取得了不少重大突破，生产出了众多的名品。遥想当年，浙江各地机杼声声声入耳，四方商贾争购丝绸，且种桑养蚕、缫丝织绸的技艺和习俗在此后数千年的岁月里被代代延续，传承至今。本书将进行多视角的阐述，梳理浙江各地的蚕桑习俗、出土名物、染绣品种，见证浙江丝绸业的发展与演变，并且附上浙江历代蚕桑丝绸著作、浙江丝绸游览地图以及纹样涂色游戏，作为阅读之余的参考。

目 录

第一章　蚕丝之源

第一节　脑洞大开的蚕马传说　　　三
第二节　很久以前的河姆渡蚕　　　八
第三节　十分重要的钱山漾绢　　　一六
第四节　越王剑上的神秘织物　　　二〇

第二章　两宋衣冠

第一节　赵王孙的地下衣橱　　　二五
第二节　两宋绫罗绸缎　　　三五
第三节　宋人钟爱的丝绸纹样　　　四二

第三章　丝绸之府

第一节　上贡皇帝的丝绸是哪里织的？　　　五三
第二节　是什么机器最早织出了丝绸？　　　六二
第三节　什么是耕织图？　　　六七
第四节　是谁织出了第一幅丝织像景？　　　七三
第五节　世界上最大的丝绸博物馆在哪里？　　　七九

第四章　染绣名品

      第一节　"活化石"——浙南夹缬　　　　　　八九

      第二节　"甬上锦绣"——宁波金银彩绣　　　一〇六

      第三节　"天下一绝"——温州发绣　　　　　一三二

附录 1：浙江历代蚕桑丝绸著作　　　　　　　　一四七

附录 2：浙江丝绸游览地图　　　　　　　　　　一六三

附录 3：纹样花园涂色　　　　　　　　　　　　一六四

后记　　　　　　　　　　　　　　　　　　　　一七三

第一章 蚕丝之源

望海楼明照曙霞，护江堤白踏晴沙。
涛声夜入伍员庙，柳色春藏苏小家。
红袖织绫夸柿蒂，青旗沽酒趁梨花。
谁开湖寺西南路，草绿裙腰一道斜。

河姆渡遗址

河姆渡蚕纹
河姆渡新石器遗址出土的牙雕器上雕刻着四对目前所知最早的蚕形纹。

金银彩绣
金银彩绣是在丝质地上用金银线，结合各色彩线刺绣而成的手工艺品。

华舍镇
清末民初时绍兴丝绸重要产地，有"日出华舍万丈绸"之誉，华舍绸厂为绍兴工业遗产。

宋服之冠
南宋赵伯澐墓出土的丝绸是浙江历史上最为集中和顶级的南宋丝绸。

台州

京杭大运河

宁波市

中国古老的神话里有一棵扶桑树，高耸入云，云端上有个天庭，那里有位心灵手巧的织女。不知从什么时候开始，人间有了茂密的桑树林，还响起了咯吱咯吱的织布声，是天上的扶桑树和织女一起下凡，变成了散落人间的桑树和织工吗？是他们带来了艳丽如天上云霞般的丝绸吗？在漫漫五千年的中华大地上，丝绸究竟是怎样起源的？那一条条蚕宝宝为何要"作茧自缚"？一根根的丝线又是怎么织成一匹匹绫罗绸缎的？"锦绣前程""青出于蓝而胜于蓝"这些家喻户晓的成语也和丝绸有关吗？丝绸在中华历史中究竟扮演了怎样的角色？杭州为何被美誉为"丝绸之府"？在时间的长河中，丝绸如何由涓涓细流汇成了泱泱大河？若想解开上述一大串疑问，就请跟随"丝绸之旅"，吟唱着"千里迢迢到杭州，半为西湖半为绸"的佳句，一起探寻浙江的丝绸故事吧。

第一节　脑洞大开的蚕马传说

面对精美的丝织品，人们不禁会问：丝绸是怎么来的？这无疑是一个奇妙的过程。在很长的岁月里，这是一个只属于中国人的秘密。虽然早在公元前6世纪到公元前5世纪，古代游牧民族的驼队已经穿过亚欧大陆的沙漠、戈壁和荒原，将中国的丝绸销售到西方，但是对西方人而言，产丝之国"赛里斯"（Seres，即中国）仍是一个十分神秘的国度。在科学尚未发达的古代，神话传说成为人们解答这些疑问的方式。

一、蚕马传说

关于丝绸起源的传说，浙江民间流传着蚕马的故事。相传古时候有位姑娘，十分思念远方的父亲，就对家中的白马开玩笑说："如果你能把父亲找回来，我就嫁给你。"谁知白马听了这话竟然仰天长啸一声，随即挣脱了缰绳，向外飞奔而去。没过几天，就驮着女孩的父亲回到了家中。从那以后，白马只要一看见女儿就高兴地嘶叫跳跃。可人与马如何能够婚配？父亲一怒之下将白马射死，还把马皮剥下来晾晒在院子里。一天，女儿走到马皮边，想到发生的事情，伤心地哭了起来。忽然狂风大作，那张马皮裹走了女孩，不知所终。几天后，人们才在一片树林中找到了她，这时女孩已与马皮合成一体，浑身雪白，头也已经变成了马头的形状，嘴里则不停地吐出长长的丝，把自己的身体缠绕起来。从此，这个世界上就多了一种奇特的生物，因为它总是用丝缠住自己，所以人们就叫它为"蚕"（缠），又因为女孩是在树上丧生的，于是那棵树就取名为"桑"（丧），这就是桑、蚕、丝的由来（图1-1）。

浙江的杭嘉湖平原是著名的蚕乡，当地人唱的蚕歌都是关于蚕马神话的。但已经和远古的蚕马故事有所不同，在这里马头娘被称为马鸣王菩萨。关于这位马鸣王菩萨，在浙江海盐乡间还流传着一首同名的长篇叙事民歌，其中有一段是这样唱的：

图1-1 马头娘的形象

陈公回到婺州地，鱼到网内一般然。
院君闻知吃一惊，夫陷东阳心也酸。
拈香拜，告苍天，口内说连连：
谁人救得亲夫转，愿将三姐结良缘。
白马闻知得，跳出马棚间。
三声吼嘶登程去，随云知路一般然。
马到军中蹄作法，踢死番兵万万千。
不管兵多共将官，救出家主转家园。
夫回转，妻也欢，祷告谢神天。

古说光阴如箭快，三姐长大在房前。
打从马棚来行过，马儿开口吐人言：
当初许我成亲事，因何还未结良缘。
陈公听说怒冲天，喝骂孽畜太大胆。
人与马，不相连，怎好配良缘。
陈公骂，勿相干，带出马棚间。
就将白马来斩杀，马皮挂在屋檐前。
马皮能作法，空中打秋千。
三姐出厅来观看，见了马皮心也呆。
一阵狂风来吹起，飞来裹住女婵娟。

歌词中，这个被马皮裹住的"女婵娟"就变成了一条蚕。她把丝吐尽变成了蛹，还是被那白色的马皮包裹着。虽然不同地区流传的故事略有差别，但是马、女、蚕三个基本要素是没有变化的。事实上，马、女、蚕三者之间的关系早已形成，战国时期的思想家荀况（约公元前313—前238年），在《蚕赋》一文中将蚕的形象描述为"女身而马首"，"马首"指蚕的头有时昂起，很像马头；"女身"则指蚕的身体十分柔软，像女性的身体。可能是因为这些相似之处，蚕、马、女三者被联系在一起，而蚕马故事也随之诞生。

蚕丝之源

杭嘉湖地区为祈祷蚕桑丰收，在清明时节自发聚集形成的民间传统庆祝活动。

蚕花庙会

图 1-2 蚕花庙会

二、蚕花庙会

在蚕马传说盛行的浙江杭嘉湖地区，蚕农们总要在养蚕季节到来之时，自发来到当地的寺庙为娇贵难养的蚕宝宝祈福消灾，久而久之，就在清明节前后形成了约定俗成的"蚕花庙会"（图 1-2）。所谓蚕花，是用彩纸或茧子、绸帛剪成的蝴蝶状的头饰。这些蚕花鲜艳夺目，且花蕊各不相同，有些花蕊镶嵌着金元宝、点缀着珍珠，有些则横卧着一条胖乎乎的"白蚕"。据说当年范蠡送美女西施去吴国时，途经湖州的含山，曾有12位采桑的姑娘为西施送行，西施便把沿路人们送给她的各色绢花分送给这12位姑娘，并留下了"十二位姑娘十二朵花，十二分蚕花到农家"的美好祝愿。从此，西施送给12位姑娘的各色绢花便成了人们心目中吉祥如意的蚕花，当地妇女头插蚕花的习俗也因此流传下来，而含山也因此被称为蚕花圣地。

"蚕花庙会"分为头清明（清明当天）、二清明、三清明等几个阶段，从开始到结束前后延续十来天。据说蚕花节当天，蚕花娘娘，也就是马头娘，会化作一位普通的乡村女孩，在湖州的含山留下喜气，此时谁上含山，谁就能交到好运。在去庙会之前，养蚕的姑娘都会梳妆打扮一番，头上插着蚕花，怀里揣着将要孵化的小蚕种，漂漂亮亮地去赶庙会。赶庙会时，蚕农们摩肩接踵，你挤我轧，故曰"轧蚕花"。姑娘们除了烧香、祭拜，或添置一些农具、蚕具和日用品外，还要进行一项很特别的民俗活动，就是在庙里烧过香之后，到土地庙前面的水潭里洗洗手，俗称"洗蚕花手"。据说，这样洗过手后，养起蚕来就特别顺手，蚕宝宝也会无病无灾。如此，桑满园，茧满仓，蚕宝宝饲养得顺顺利利。

到了清明的第六天（俗称"六清明"）的清早，蚕农们又会到山上集会，礼拜马鸣王菩萨。吃完一顿素餐后，开始出会，龙旗（画有龙的旗帜，取"龙蚕"之意）开道，旗后是吹打乐队，接着有四人举四块行路牌，上书"马鸣大王""龙蚕胜意"等，后面跟着八人，高举"八仙"像。"八仙"后面跟着锣鼓班子，接着便是抬马鸣王菩萨轿子的队伍。出会队伍从北面下山，绕含山一圈，然后从南面登山回殿将马鸣王菩萨复位，这样清明节含山祭祀蚕神的活动便落下了帷幕。[1]

知识小贴士

日本的岩手县也有类似"蚕女""蚕花娘娘"的故事。日本著名的民俗学者柳田国男写的《远野物语》第六十九话中就有这样的故事。在杭嘉湖一带，祭拜蚕神是蚕乡风俗中最重要的活动，除了上面提到的蚕花庙会，每年进行蚕桑生产以前，还有"扫蚕花地""关蚕房门"等生产习俗，这时蚕农都要请艺人到家演出，以消除一切灾难晦气，祈愿蚕桑丰收。同样，在日本，人们会用桑树造神像，特别的家庭还要进行祭祀蚕神活动，而且这样的家庭为了祭拜"オシラサマ"（可译为"养蚕神"），生活上禁忌事项非常多，比如家人不能吃鹿肉等。从上述久远的故事传说和今日依然流行的祀神活动，可窥得丝绸传播以及丝绸文化交流的一角。

[1] 珊珊.清明轧蚕花庙会[J].科学大观园,2010(6):20-21.

第二节　很久以前的河姆渡蚕

传说毕竟是传说，神话故事终究不能作为丝绸起源的科学佐证。何况丝绸也不是一朝一夕由某个人物所能发明的。丝绸起源的秘密被深深埋藏在地下，只能请考古学家来帮忙，让出土的实物为我们提供有力的证据和科学的解释。

一、河姆渡蚕

在浙江这块土地上，谁才是最早的居住者？在1973年以前，谁都不知道答案。1973年6月，浙江余姚县河姆渡村一片繁忙，村民们正热火朝天地开沟挖渠。突然，一个农民的锄头被什么东西磕了一下，捡起来一看，是一块碎陶片。起先没人在意，谁知接着又挖出成堆的碎陶、碎罐，还有动物骨头。很快，省里的专家来了，说这些挖出来的东西是古代文物。于是，一项被称为"考古发掘"的工作展开了。重大的文明宝藏——河姆渡文化就这样被发现了。同时也揭开了之前的谜底，迄今为止最早在浙江生活的是距今7000年至5000年的河姆渡人。

在第一期的考古发掘时，考古人员从中挖掘出了距今约7000年的陶制纺轮、梭形器、打纬刀等与纺织织造有关的文物。这些文物的发现，充分说明了河姆渡人比我们之前以为的要聪明许多。虽然他们的生活与今天的我们有天壤之别，但他们已具有相当熟练地运用生产工具的能力，而且似乎已有了专业化的分工。那些两端削有缺口的卷布棍、梭形器和机刀等，可能是原始织布机的附件，显示了新石器时代人们已由手工编织发展到原始的机械操作。此外，还出土了骨针，表明当时的先民可能已经掌握了缝制的技术。这无疑是一项了不起的发明和进步，这种古老的针缝技术一直延续至今，仍然被人们广泛使用。

  河姆渡遗址首次挖掘于1973年，在1977年冬的第二期发掘时，考古队员在河姆渡遗址的第三文化层中发掘出了一个牙雕杖首，它的特别之处在于上面雕刻着四条栩栩如生的虫纹，这四条虫纹非常像蚕，它们的头昂伸，头部和身上的横节纹都十分明显，似在一屈一伸地向前蠕动（图1-3）。另外，河姆渡遗址出土的一件残陶片上，也残存有一对相向的虫纹，虫子头上以小点表示眼睛，身子也作屈伸状，并有多折节，正沿着叶子的边缘吞食，形象逼真。河姆渡的先民们为何要在他们的器具表面绘上昆虫纹？这种昆虫与他们的生活有着什么样的特殊联系？不少专家学者认为这是河姆渡人所刻画的蚕的形象，这也是目前所知最早的蚕形刻画。这在一定程度上反映了距今约7000年的河姆渡人已经开始关注蚕，而问题也随之而来：那时候的蚕，已经被河姆渡人驯化了吗？他们已经懂得如何饲养蚕了吗？

图1-3 河姆渡蚕纹牙雕，新石器时代，浙江余姚河姆渡遗址出土，浙江省博物馆藏

二、蚕桑家族

蚕，自古被认作吉祥的动物，因为很娇贵，所以被称为"蚕宝宝"，到今天依旧如此。蚕是自然界中最神奇的生物之一，属于完全变态类昆虫，也就是需要经历卵、幼虫、蛹、蛾（成虫）四个不同的发育阶段（图1-4）。自然界的蚕大概有100多种，分布在世界各地，除了常见的桑蚕外，还有柞蚕、天蚕、樗蚕、蓖麻蚕等。但是在如此多的蚕种中，只有家蚕被人工驯化，可以家养，其他蚕只能被称为野蚕，你在路边的桑树上采摘桑叶时，可能就会发现野蚕。

虽然印度历史上很早就有利用野蚕丝生产织物的记载，但这些野蚕一直没有被驯化，利用野蚕丝只是偶然行为。而我们的祖先，在远古时期就将密密野桑林中的野蚕，驯化为了家蚕。

人们精心呵护的蚕，一生却十分短暂，前后大概只有40到60天的时间，蚕卵是蚕最初的生命形态，它十分弱小，大约1700~2000粒蚕卵才有1克重。刚从卵中孵化出来的幼蚕，黑黑小小的，身上长满细毛，样子看上去很像蚂蚁，所以称之为蚁蚕。蚁蚕出生不久就会吃桑叶，但是每隔一段时间，蚕宝宝就会出现食欲不振甚至什么也不吃的症状，这种现象叫作"眠"。这时候蚕外表看来静止不动，其实在为蜕皮做准备。一般来说，蚁蚕经过四次蜕皮，就可以结茧了。这时基本可以看清蚕的构造了，它主要由长有口及六对单眼的头部、长着三对尾端尖

图 1-4 家蚕的一生，家蚕的一生极短暂，仅有 40 ~ 60 天，但却经历卵、幼虫、蛹、成虫四个形态和生理机能完全不同的发育阶段。育蚕时节始于每年的四月，先是育卵，蚕卵经过养育化成细小似蚁的幼虫，俗称蚕蚁。幼蚕食桑 25 ~ 30 天蜕 4 次皮，发育成 5 龄蚕。之后又食桑 6 ~ 8 天，开始吐丝作茧。数日后在茧内化为蛹，约 15 天后蛹羽化成蛾，并吐出液汁使茧层丝胶溶解，穿孔而出，交配产卵后不久便死亡。

突胸足的胸部（3节）、长着四对圆形肉质腹足和一对尾足的腹部（10节）三部分构成，另外在蚕的侧面还有九对黑色的气门。到了五龄末期，蚕宝宝已经完全长大了，慢慢地它又开始不爱吃东西了，胸腹部也都开始变成透明色，嘴里开始吐出一些丝缕，还把脑袋高高地昂起，左右上下摆动，想要找一个合适的场所准备结茧。这时人们把它放到稻草上，神奇的吐丝结茧就开始了。这一切变化正如儿歌所唱："蚕宝宝，真神奇，儿时像蚂蚁，长大披白衣，吐丝细又长，结茧真美丽。"熟蚕在结茧的时候分泌的丝液，就是被世人誉为"纤维皇后"的蚕丝。一般一条蚕丝的长度大约在800~1000米之间。[1] 从结茧开始计算，大概再过10到15天，蛹就在茧里羽化成蛾。蚕在化蛾时会分泌一种酶，用以溶解茧层丝胶蛋白，帮助其破茧而出。羽化后的雌、雄蛾相互交配，一只雌蛾一般可以产500粒左右的卵。成虫在交配产卵后马上死去，而所产的卵则可以根据蚕的化性，在本年的下一季或来年春天再进行孵化。

有诗云"野蚕食青桑"，蚕宝宝以桑叶为生。虽然也能吃些榆叶、柘叶，甚至蒲公英或者莴苣叶，但它最喜欢吃的还是桑叶。桑叶中含有丰富的蛋白质、碳水化合物、维生素和水，这些化学物质有助于蚕宝宝的生长发育。蚕宝宝吃了桑叶后，生长迅速，它从孵化到吐丝结茧的20几天里，会吃下大概20~25克的桑叶，体重增加约1万倍。

桑树在中国的传统文化中具有特殊的意义，不少故事发生在桑林中，比如我们小时候就听过的"成汤桑林祈雨"：相传商王成汤是位仁君，但当时商朝偏偏遭遇了持续七年的大旱。七年中，一滴雨都没有下过，太阳烤得大地龟裂，老百姓生活在饥饿困苦之中。看着天下百姓生活在水深火热中，成汤心急如焚。于是，他带领群臣来到一处桑林，由他亲自向天地山川祷告，祭天祈雨。此外，甲骨文里也有许多关于桑林之祀的记载。值得注意的是，甲骨文里的"桑"字形似树杈间加上许多"口"字，这或许也与祭祀祷告有关。可见桑

[1] 茅惠伟，赵丰. 丝绸史话 [M]. 北京：大百科全书出版社，2010：13-14.

林在古代是祭祀的场所，正因为其特殊性，人们进而想象出一种神树，叫做"扶桑"，"扶桑"的"扶"又可写作"柗"，"柗"有盛大的意思，扶桑也就是巨大的桑树。这是一种东方大海里的太阳神树，最古老的奇书之一《山海经》中提到：汤谷上有扶桑，汤谷就是神话传说中太阳升起的地方。那么扶桑树到底是什么样子的呢？据文献中记载，扶桑花光艳照日，扶桑叶则像桑叶；汉代的文献记载扶桑"长数千丈，大二千围，两两同根生，更相依倚"[1]，如果按照汉代的标准，一丈大约2米多，那千丈就有2000多米高，想必真能通天了。最神奇的是，传说扶桑树上住着十个太阳，每天早晨由三足乌（三只脚的鸟）驮着轮流从东方扶桑上升起，每当一个太阳升起，其他九个就在神树上休息。这十个太阳，演变出了我们都熟知的后羿射日的故事。而这个神话竟然以图画的形式出现在一件著名的漆器上，那就是湖北曾侯乙墓出土的红色漆箱。箱体上绘制的扶桑，是一棵巨大无比的树，树叶相对而生，树枝的末梢各有一个太阳，主干正顶上也有一个太阳，图上一共有十个太阳，但其中一个太阳被树下的后裔射中而化成了大鸟（图1-5）。后羿射日形象的出现，更加证明了这棵大树就是人们想象的扶桑树。

同属于河姆渡文化类型的余姚田螺山遗址出土了形态各异的木桨三十余

图 1-5 战国漆器上的扶桑树纹样，战国，湖北随县曾侯乙墓出土，湖北省博物馆藏

1 （汉）东方朔. 十洲记 [M]. 上海：上海古籍出版社，1990：7.

图1-6 采桑竞射纹青铜圆壶，战国，山西省襄汾大张村东墓地出土，山西省博物院藏

件，其中有一件由整块板材加工而成，经过对木材的显微切片检测，木桨系桑木制成，可见当时此地已有桑树生长。据考证，商周时期我们的先人已经人工栽培桑树。桑树是一种多年生木本植物，在商周时期就有了高桑和低桑两种不同的桑树。高桑应该是树形高大的品种，采摘桑叶的时候必须攀登上树。而另一种低桑树身低矮，人站立在地上就可采摘。我国各地出土的战国时期的青铜器上可以清楚地见到这两种桑树（图1-6）。经过历代良种选汰和培育，最终形成了以鲁桑、白桑和山桑为主的三个栽培桑系统和江苏、浙江、四川及广东四大主要栽培区。桑叶是蚕宝宝的食物，但是桑叶采下来后，不能马上给蚕宝宝吃，需要设法风干，经过整理，最好根据蚕的不同年龄段喂给它们裁切为不同形状的桑叶。

三、丝绸起源

至此，我们再将蚕、桑、丝联系起来，蚕吃桑叶，桑树、桑叶成为蚕生命力的源头；桑树、桑林也因此被古人看得更加神奇且重要，而能够吐丝结茧的蚕也更显得神圣，并且引起古人的深入思考。赵丰教授曾推断：先民们从蚕吃进绿桑吐出银丝的现象里，观察到了蚕由卵到蚕、到蛹、再到蛾的这一循环往复的变化发展过程，从中感受到了巨大而神奇的生命力，并由此联想到"天地生死"这类重大问题。卵就是生命的源头，孵化成幼虫就似生命的诞生，几眠几起犹如人生的几个阶段。蛹可看作躯体的死亡，而化蛾飞翔好似死后不灭的灵魂。《博物志》上说："蛹，一名魂。"正是表明蛹就是灵魂，是精神，是不死的。从"蛹"字我们还可以联想到"俑"，"蛹"和"俑"之间虽然形态不同，一为虫，一为人，但其意义相通。"俑"是随葬时埋下去的木俑、泥俑，其原意或许就是死去的肉体。在黄河流域的仰韶文化墓葬中，约有一半左右采用瓮棺葬（瓮棺葬是古代墓葬形式之一，以瓮、盆为葬具，常用来埋葬夭折的幼儿和少年，个别成人也用瓮棺，瓮棺一般由2到3件较大的陶器扣合在一起），很多时候瓮上会开孔，或许与蛹破茧羽化的联想有关。直到后来，人们得道升仙的途径之一被称为"羽化"，估计也是源于蚕蛹化蛾的联想。[1]

提起蚕，大家自然会联想到丝绸，但是关于蚕与神树扶桑、蚕与太阳、蚕与羽化升仙方式、桑树与太阳之间的文化关联等，之前的研究并不是特别清楚，也经过了多年的讨论，其中赵丰教授对丝绸起源进行了一系列翔实而极富逻辑性的论证，不但对丝绸起源学术史产生了重要影响，也让我们基本明白了中国丝绸起源的文化契机和深层内涵。有人说过，文化依存于人的生活。正是生活在中国大地上的先人们，所秉承和实践的文化意识、文化仪式，造就了历史上的东方丝国。中国丝绸就是诞生于早期天人合一的文化背景。这种"天人合一"的文化背景只有中国才有，在印度就没有这样一种文化背景，所以也只有在中国文化中出现了扶桑树的神话，出现了相关的原始

---

[1] 赵丰. 锦程：中国丝绸与丝绸之路[M]. 香港：香港城市大学出版社，2016: 15.

崇拜，只有在这样的文化背景中才可能将野蚕驯化成家蚕，丝绸也才能真正的诞生。

考古新发现

中国是丝绸的发源地，也是驯化野蚕的故乡。各地的遗址或墓葬中，出土的很多文物上都有对蚕的形象的雕刻或刻画，也出土有各类玉蚕、铜蚕，甚至金蚕。如1991年，考古工作者在对河南三门峡西周时期的虢国墓地（该墓葬出土的大型青铜器上多铸有"虢国"二字铭文，因此墓主人被认为是虢国国君）进行发掘时，发现了一件龙蚕形玉，这件玉器呈半弧状，躯身为蚕，首尾共有8个腹节，特别之处在于蚕背上立着一只鸟，可能是象征太阳的三足乌。且蚕

图1-7 龙蚕形玉，西周，河南三门峡虢国墓地虢仲墓出土，虢国博物馆藏

的头上长有角，眼珠呈圆形，和西周同时期的玉龙形象较为相似（图1-7）。龙是中国的神兽，更是中华文化最具代表性的象征，而龙和蚕似乎早就有着神秘的关联，蚕宝宝常被称为"龙精"，还有蚕花庙会中举的龙旗，也有"龙蚕"之意。而这件龙蚕形玉更是极其罕见，是目前已知的最早代表龙、蚕关系的实物，也是中华民族龙文化、蚕文化和玉文化交融的最佳考古实例。这样的龙蚕形玉在墓葬中的作用，可能是用于引导墓主的灵魂升天，同时驱邪除魔，保卫墓主。

第三节　十分重要的钱山漾绢

浙江湖州不仅是蚕花圣地，更有一个闻名于世的钱山漾遗址。该遗址的发掘，为丝绸的起源提供了一条极其重要的线索。

一、钱山漾绢

钱山漾遗址位于浙江省湖州市八里店镇，属新石器时代良渚文化，是长江下游最为著名的史前文化之一。1958年，考古学家分别于12号探方（考古过程中把发掘区划分为一个个相等的方格，以方格为单位分工发掘，这些方格就叫"探方"）、14号探方中发现苎麻织物，又在22号探方中发现细麻布、棕丝刷，最后在一件压扁的竹筐里发现一些织物，包括绢片、丝带和丝线。1960年，经过浙江省纺织科学研究院鉴定，其中的丝线属于家蚕丝，丝带以人字纹斜编而成，绢片色泽淡褐、平整而有韧性（图1-8）；1980年，中国农业科学院蚕业研究所根据其外观初步鉴定，残绢属家蚕丝织物；1981年，原浙江丝绸工学院（今浙江理工大学）对

图1-8　钱山漾绢片，约公元前2770—前2500年，浙江湖州钱山漾出土，浙江省博物馆藏

之进行了更加细致的分析。这些研究发现使大家倍感兴奋,因为通过对同一地层出土的木质材料的碳14测试,测得其年代在公元前2750年左右,距今已有4700多年的历史了,学术界对它的定论是"中国乃至世界范围内人类利用家蚕丝纺织的最早实例"。如今,从钱山漾遗址出土的这一绢片,静静地躺在浙江省博物馆的展厅里。4000多年的岁月磨蚀了它曾经的丝绸光泽,但是历史和文明的印迹却被永远地保存下来。

根据这些考古发现,我们可以大概勾勒出新石器时代浙江大地上原始蚕桑丝绸业的大致轮廓:当时良渚人的纺织原料主要是丝和麻,可能还有部分葛,但是使用的很少。麻的纤维较粗,而且来源广阔,是社会普通成员的衣料;而较为珍贵的蚕丝织品,是只有较高阶层的社会成员才能消费得起的产品。而从出土的丝线、丝带和丝织品实物来看,良渚人的缫丝和丝织技术已经达到了相当高的水平。钱山漾遗址出土的丝织品是迄今为止在长江流域发现的最早的丝绸产品,说明距今4000多年的长江流域已有养蚕、缫丝、织绸技术。

结合前面的河姆渡蚕纹,桑与蚕在新石器时代已进入浙江先人的视线,并被关注、栽培、驯养,从而发展出史前蚕丝业,应该是可能的。这主要基于新石器时代时这片土地独特的自然环境与人文环境,也许正是两者的合力孕育了中国蚕丝业的萌芽。

二、荥阳青台罗

与湖州钱山漾绢同等重要的,还有另一块丝织品,那就是出土于河南荥阳青台遗址的青台罗。20世纪80年代,考古工作者在河南荥阳青台遗址进行了较大规模的发掘,在第七层及其相关地层中发掘出了距今约5500年的丝麻织物残片。其中一个陶罐出土时内葬一个呈蹲坐姿势的婴幼儿,其头骨与肢骨上黏附有灰白色碳化丝织物,虽然碳化严重,但据中国纺织史研究权威专家高汉玉的分析,丝纤维切面呈三角形,丝线无捻度,是典型的桑蚕丝。从织物组织结构来说，有别于钱山漾绢片的平纹组织，而是罗织物，而且出土的罗织物还带有浅绛色，所用的染料可能是赭铁矿之类，是迄今史前考古发掘中发现年代最早、唯一带有色泽的丝织物。青台遗址还发掘出土了大量纺织工具，包括纺轮、针、锥、匕等，据此推测早在距今5000年的黄河流域就已经出现了原始的蚕桑丝绸业。

在黄河流域，除了青台罗，还有一件曾经引起巨大轰动的文物，就是山西夏县西阴村出土的半个蚕茧。1926年，我国第一代田野考古学家在山西夏县西阴村的一个距今大约有5500多年的仰韶文化遗址中发现了一颗花生壳似的物体，引起了众人的关注。经过鉴定，这是一颗被割掉了一半的丝质茧壳（图1-9），切割面极为平直，虽然部分表面已经腐蚀，但仍然很有光泽。茧壳长约1.36厘米，宽约1.04厘米。这半个蚕茧的出土在国内外学术界引起了巨大的轰动，但同时也引起了长时间的争论：茧壳的年代是否真的属于仰韶文化时期，还是晚于仰韶文化；茧壳为何被一分为二？有人甚至推测，蚕茧被割裂，是先人为了吃里面的蚕蛹。这些问题使得这半个蚕茧留下了许多难解之谜，但是作为中国远古丝绸最早的桑蚕实证，它一直被珍藏在台北故宫博物院。

负责这次发掘的考古学家李济，是近代中国的第一代考古学家，被称作中国考古学之父。他在《西阴村史前的遗存》中写道："我们最有趣的发现是一个半割的、似丝的半个茧壳。用显微镜考察，这茧壳腐蚀了一半，但是仍然发光。那割的部分是极平直的。清华大学生物学教授刘崇乐先生替我看过好几次，他说，他不敢断定这就是蚕茧，然而也没有找出必不是蚕茧的证据。与那西阴村现在所养的蚕比较，比那最小的还小一点。这茧埋藏的位置并不在坑的地下，它不像是后来的侵入，因为那一方的土色没有受扰的痕迹，也不会是野蚕偶尔吐的，因为它是经过人工的割裂……"[1] 李济提到的刘崇乐教授是中国昆虫学的创始人之一，刘崇乐早年在清华大学学

图 1-9 半个茧壳，公元前 5000—前 3000 年，山西夏县西阴村出土，台北故宫博物院藏

1 李济.西阴村史前的遗存[M].北京：清华学校研究院，1927.

习，后来到美国留学。刘教授是个极为严谨的人，虽不敢断定这就是蚕茧，但也没有找出相反的证据，故初步断定为桑蚕茧。1928年，李济重访美国时，又特意带上这半个蚕茧，向华盛顿史密森研究院求助，那里的专家证实了刘崇乐的判断。

综上所述，在中国独特的文化背景下，从钱山漾到青台村，从长江流域到黄河流域，从驯化野蚕到缫丝织绸，生活在长江流域和黄河流域的先民们经过一段漫长而艰辛的摸索，终于完成了这个伟大的历史进程，建立了发达的原始蚕桑丝绸业。

化学小黑板

一条蚕宝宝吐出来的丝约长800~1000米，但根据蚕茧品种的不同，茧丝长度会有很大的差别。一般来说，古代的蚕茧比今天的要小得多，那么茧丝的长度无疑也会大大缩短。而现在用科学的养殖方法培育的蚕，吐丝可以达到几千米之长。

那么丝纤维里面到底有些什么？当我们把蚕丝放到显微镜下就会发现，一根蚕丝是由两根呈钝三角形的丝素和包裹于丝素之外的丝胶组成的，它是一种天然的蛋白质长纤维。这些蛋白质由18种氨基酸组成，氨基酸是人体所必需的，因此蚕丝对人体肌肤具有特别的亲和力和良好的保健作用，用蚕丝制成的蚕丝被、蚕丝睡衣等贴身物品，手感柔软，光泽典雅，穿着舒适，深受人们欢迎。蚕丝也因此获得了"纤维皇后"的美誉。

第四节　越王剑上的神秘织物

越王勾践卧薪尝胆的故事，大家都听说过。而对于越王勾践的儿子，人们却知之甚少，他的一把宝剑曾辗转境内外，于1996年回归越国故里——浙江，现收藏在浙江省博物馆。这把宝剑，被命名为越王者旨於睗剑，铜质，全长52.4厘米。剑格两面铸有铭文八字：正面是"戉（越）王戉（越）王"，背面是"者旨於睗"。字口间镶嵌有绿松石，部分已经脱落。虽然已经距今2400余年，但整把宝剑保存情况极佳，全剑完好无缺，剑身呈金黄色，毫无锈蚀，刀锋犀利，寒气逼人（图1-10）。不仅附属的漆剑鞘完整如新，而且剑茎上的丝质缑緱也保存较好。緱，是刀剑柄上所缠的绳。战国时期出土的青铜剑，在剑茎上一般都有緱，但大多因为年数太久而腐朽无存。越王者旨於睗剑集如此诸多特点于一身，在出土或传世的越王剑中，绝无仅有。[1]《庄子·刻意篇》中说："夫有干、越之剑者，柙而藏之，不敢用也，宝之至也。"意思就是连使用这样的宝剑都于心不忍，可见其珍贵至极。

---

1 曹锦炎等.浙江省博物馆新入藏越王者旨於睗剑笔谈[J].文物,1996（4）:4-12.

图1-10 战国越王者旨於睗剑，战国，浙江省博物馆藏

那么缠绕在如此珍贵的越王剑上的织物到底产自哪里，又是如何织造而成的呢？赵丰教授通过鉴定分析，发现缠绕在宝剑上的丝带宽约两毫米，是用四股线以手工斜编的方法编织而成（图1-11），与今天所能见到的四股辫编法完全一致。在放大镜下还发现丝带之下还有数层的平纹绢织物，所用丝线极细而平滑，用普通放大镜不能看清其组织结构，推测这是由极为纤细的蚕丝织成的。江南一带的蚕种曾被称为"八辈蚕"，这种蚕体形小，吐出来的丝线细，织出的丝织品也较轻薄。此外，赵丰教授推测该丝织品是用腰机类型的织机织造而成的，这种织机类型与杭州出土的良渚织机（详见第三章）相似，都是一种原始腰机。而且，将宝剑上的丝织品与钱山漾遗址出土的绢片、丝带相比较，可发现两者的工艺技术乃一脉相承。钱山漾绢片与越王剑上绢片的织法完全相同，只是稍微粗疏了一点。而钱山漾丝带的编法，甚至包括丝线的加工与越王剑上的丝带更为接近。这些惊人的相似点，显示了浙江丝绸生产技术的继承和发展过程，同时也是对钱山漾丝织品和越王剑上的丝织品产于浙江本地的最好说明。[1]

图 1-11 越王剑上丝织品

越王剑上的丝织品是目前所知唯一的越国生产的丝织品，对中国丝绸史研究具有极大的学术价值。在吴越争霸的历史过程中，桑蚕丝织业起了相当重要的作用，为国君维持军队开销提供了财力支撑，也是越国立国之重要基石。越王勾践败北吴国之后，图谋东山再起，在范蠡提出的强国计划中，"省赋敛，劝农桑"是重要的内容。所谓"省赋敛"是让百姓休养生息；"劝农桑"是积极发展农业和丝绸业。勾践亲自耕种，夫人亲自蚕织，为贵族和百姓做出榜样，同心协力，使得当时越国的蚕桑丝绸生产得到了较大的发展。[2] 此宝剑上丝织品的发现，正是对文献资料的印证。通过分析该丝织品，我们可以了解当时越国的蚕桑丝绸生产的技术水平。

---

1 曹锦炎等. 浙江省博物馆新入藏越王者旨於睗剑笔谈[J]. 文物,1996（4）:4-12.
2 徐铮、袁宣萍. 杭州丝绸史[M]. 北京:中国社会科学出版社,2011: 9.

成语小贴士

越王剑上的丝带作为缠缑，主要起到装饰的作用。在殷商时期，丝绸常常用来做玉戈、铜器等礼器的包裹物。无论是故宫博物院收藏的商代玉戈，还是藏于瑞典斯德哥尔摩远东古物博物馆的商代铜钺（一种青铜兵器，形制似斧），都在上面发现了丝织品的印痕。更有趣的是，俗语说"化干戈为玉帛"，玉，即玉器，帛，就是丝织品，二者均为会盟时赠送的上等礼品，后引申为互相礼尚往来，重归于好之意。

第二章

两宋衣冠

宋锦人传出秀州，
清歌无复用缠头；
如今花样新翻出，
海内争夸濮院绸。

河姆渡蚕纹：河姆渡新石器遗址出土的牙雕器上雕刻着四对目前所知最早的蚕形纹。

金银彩绣：金银彩绣质地上用结合各绣而成品。

华舍镇：清末民初时绍兴丝绸重要产地，有"日出华舍万丈绸"之誉，华舍绸厂为绍兴工业遗产。

婴罗织机

宋服之冠：南宋赵伯澐墓出土的丝绸是浙江历史上最为集中和顶级的南宋丝绸。

台州府城刺绣博物馆：台州刺绣以独有的"雕平绣"而称誉海外，国际上称之为"东方瑰宝"。

台州市

说到宋代服饰，人们脑海里最常浮现出来的形容词就是"优雅""简约"，如果冠之以"奢靡"两字，大多数人都不会赞同。其实两宋时期经济繁荣、文化兴盛，加上丝织业发达，宋代服饰有着与唐代的绚丽多彩不一样的风华，在清新里混着一股"奢靡"之风，我们或许可以称为低调的奢华。比如宋人最常用的衣服面料——罗，看着朴实无华，或者仅有一些若隐若现的暗花纹，但因为织造工艺复杂，其实是价格高昂的高级丝织品；他们的衣服虽然很素雅，很少用绚丽多彩的面料，但基本上门襟、领口、袖边都带有精美刺绣或印花装饰，有的甚至还印上金箔，纹样则以写实的折枝花、缠枝花及大量的花鸟题材为主，象征服装所有者高雅的生活情致。2016年，浙江黄岩赵伯澐墓的发掘，为我们打开了800年前南宋赵家的衣橱，透过这些出土服饰以及相关的文献记载，我们可以清楚地看到宋人常用的服装款式、钟爱的丝绸面料和纹样。

第一节　赵王孙的地下衣橱

南宋是浙江发展史上一个重要的历史时期，正是在这个时期，丝绸业的重心明显向杭州等南方地区倾斜，浙江也逐渐树立了"丝绸之府"的地位。然而，南宋的丝绸主要出土自福建、江西、江苏等地，作为南宋都城所在地的浙江，此前仅有兰溪高氏墓出土过南宋丝绸，且保存不佳，2012年余姚史嵩之墓和武义徐渭礼墓的发现为浙江南宋丝绸打开了一个真实的视角，但由于两墓均曾遭盗扰，出土的丝绸服饰都已十分破碎。2016年，黄岩赵伯澐墓被意外发现，作为目前所知浙江境内已发掘的唯一未被盗的南宋墓葬，该墓出土了近百件的南宋服饰，这些800年前的服饰不仅保存完好，而且品类繁多，充分体现了当时的丝织技艺，是浙江从丝绸之源走向丝绸之府的重要见证。

一、黄岩赵伯澐墓的发掘

2016年，一条"台州屿头乡发现南宋古墓"的消息突然火爆网络，这是谁的墓？究竟怎么被发现的？里面能发现些什么宝贝？一时间大家议论纷纷。

这座古墓的发掘还要从屿头乡前礁村的村民杨计土家打算拆老宅改建新房说起。杨家的老宅位于一个俗名"大坟岗"的地方，西面靠山，5月2日那天，杨计土叫了辆挖土机想先挖平地基，挖到大约两米深时，挖出了一块红色的东西，杨计土和小儿子杨年志仔细一看，原来是套着石椁的棺材一角，杨年志当晚就报了警。

第二天，黄岩区博物馆派人前往现场，发现这是一座砖椁石板顶的夫妻合葬双穴墓，右穴（女主人墓穴）早年遭盗，棺木已朽蚀大半，只出土了一块墓志铭，根据墓志铭记载，墓主人是赵伯澐之妻李氏，李氏卒于南宋庆元元年（1195年），次年下葬于"黄岩县靖化乡何奥之原"；左穴（男主人墓穴）完好无损，漆棺的棺盖与棺身以卯榫扣合，整体髹朱漆，严丝合缝，宛如新造，墓主人应该就是男主人赵伯澐。那这个赵伯澐究竟是何许人？根据《黄岩西桥赵氏宗谱》记载，赵伯澐是宋太祖赵匡胤七世孙，南宋绍兴五年（1135年），他的父亲赵子英出任台州府黄岩县丞，就把家安在了黄岩，成为黄岩赵氏始迁祖。赵伯澐是赵子英的第六个儿子，生于绍兴二十五年（1155年），卒于嘉定九年（1216年），与李氏生有师迟、师耕、师宫三个儿子，此外还有三个女儿。赵伯澐曾任平江府长洲县（今苏州市）县丞，热心乡里，据《嘉定赤城志》载，在黄岩永宁江支流西江的江面上有一座孝友桥，庆元二年（1196年）不幸坍塌，由赵伯澐主持重建，筑为五洞，桥面随桥孔呈五折，桥面两侧设随拱券起伏曲折的束腰栏板，富有动感，即如今的浙江省重点文物保护单位五洞桥。

黄岩博物馆很快将此事上报浙江省文物局，5月4日，浙江省文物考古研究所郑嘉励研究员受省文物局指派赶到现场，立刻投入墓葬发掘和清理的指导工作。当天在完成摄影、测绘、拆除墓壁工作后，已是夜里十点多，由于江南地区多雨、地下水位较高，即便墓室固若金汤，仍然会有大量地下水透过棺木的纹理渗入棺内，而棺内的有机质文物经过岁月的洗礼，已十分脆弱，若在浸水的情况下搬运，稍有颠簸晃动，这些文物定会化为乌有。经研究，决定在棺头底部及两侧壁各钻一孔，进行放水。果然钻孔一通，棺内的积水就喷涌而出，先是短暂的污水，接着是汩汩不断的清水。

经过一夜的放水，第二天中午棺木被运抵黄岩博物馆新馆，并在博物馆西侧一块开敞而通气的空地上搭起棚子，作为清理工作的场所。当晚十一点前后，开棺成功，棺木内壁为填缝，抹有石灰和松香，棺底也抹有松香，上面铺有一层厚约5厘米的木炭，墓主人穿戴整齐，骨骼完整，须发犹存，棺内空隙处均充塞有衣物。为避免可能存在的水银和毒气，棺木又敞开透气了一晚。5

图 2-1 出土服饰处理现场

月6日早上,清理工作正式开始,中国丝绸博物馆的专家将塞得满满当当的衣物逐层揭取,每揭取一层,便做一次拍照记录(图2-1),然后逐件放入购置的冷柜中保存,最后墓主人连同身上所穿的服饰被整体抬入冷柜中。[1]

6月28日,冷柜被运到杭州玉皇山脚下的中国丝绸博物馆进行对服饰的进一步保护处理,在进行72个小时的低氧消毒、杀灭有害微生物后,研究人员对穿着服饰的尸身进行了高保真三维扫描,以获取空间外形、结构、色彩等服饰原位保存的三维图像。同时,由于赵伯澐身上穿的衣服层层叠叠,为了获取服饰之间叠压的层位信息,研究人员还对尸身进行了CR断层扫描的特殊检查,这是一种非接触、无损伤、便捷且准确性高的X射线电子计算机断层扫描技术,可以对服饰层位间是否存在粘连做出定性分析,为揭展工作提供具体指导。经过扫描,研究人员发现虽然这些衣服层层叠叠,但相对来讲粘连得并不特别密实,层次还是比较分明的,这对后面的揭展工作而言是一个好消息。最重要的一点是,在赵伯澐身上发现了很多高光点,零散地分散在骨骼与衣服的

[1] 郑嘉励.黄岩南宋赵伯澐墓发掘记[N].杭州日报,2016-5-13(B06).

夹层中，应该是下葬时为了防腐而使用的水银（图2-2），这一信息的获得也使研究人员在后续揭展时做好了提前应对这些剧毒物质的预案。

为了构建三维模型，为后续的复原研究、数字化展示提供翔实的原始资料，在冷柜运来之前，中国丝绸博物馆就紧锣密鼓地搭建了一座"天眼"实验室（图2-3），其中安装的"天眼"系统是浙江大学特意为中国丝绸博物馆研发的。这座实验室有点类似医院的手术室，只是层高比一般的房子高，大概有5米，在屋顶和墙壁四周密密麻麻地布满了208盏LED灯和24台工业相机，此外还有一个由7台大型电脑组合而成的控制设备，不禁让人感叹"天眼"系统的高端、神秘。当顶部灯光打开后，整个空间会立刻处于一种极其明亮的无影状态，在电脑系统的操控下，24台相机同时触发拍摄，可实现在同一时间点上获得不同角度的24幅图像数据，全方位、无间断、可回溯地记录整个揭展过程，以确保能够建立精确的三维模型。

最终，南宋赵伯澐墓共出土、揭展了76件丝织品文物，包括衣、裤、鞋、

图2-2 揭展时在衣服上发现的水银

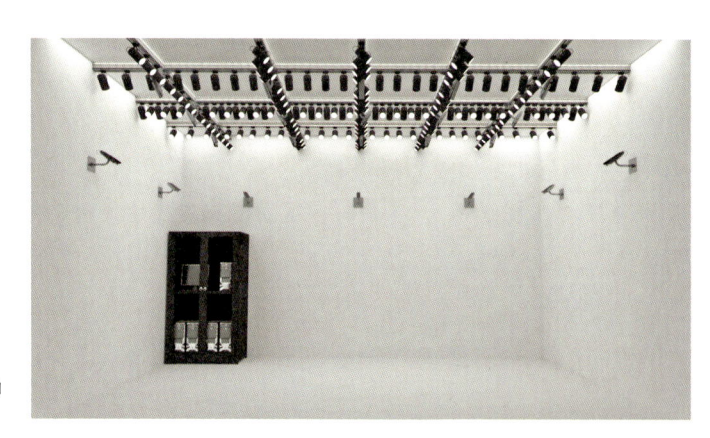

图2-3 记录揭展过程的"天眼"实验室

袜、帽等，其丝织品种包括绫、罗、绸、绢、纱等，数量之大，品种之多，品质之高，纹饰之美，实属罕见，被国内外专家称为"宋服之冠"。

二、赵伯澐墓中出土的南宋男子服饰

赵伯澐墓中出土的服饰分为两类，一类是塞在棺木中作为陪葬品的，一类是墓主身上穿着的。棺木中陪葬衣物共有50多件，多为家居服，如衣、裤、鞋、袜、靴等，品类十分齐全，特别是其中有一件交领莲花纹亮地纱袍（图2-4），曾于2016年9月G20杭州峰会期间，在中国美术学院举办的"丝路霓裳——中国丝绸服装展"上展出亮相，给前来参观的外方代表团留下了深刻的印象。

这件纱袍衣长116厘米，通袖266厘米，袖宽47厘米，交领，右衽的斜襟处有一对纽子、纽襻，以固定衣襟。纱袍整体呈现深褐色，除了领口、袖口处是用淡黄色素绫镶的宽边，衣身主体面料采用暗花纱，在1∶1绞纱组织地上

图2-4 交领莲花纹亮地纱袍，南宋，黄岩赵伯澐墓出土，台州市黄岩区博物馆藏

以1/1平纹组织显花。所谓"纱"是由两根经线相互绞转，每一纬绞转一次织成的丝织物，如果在纱组织中又插入平纹或其他变化组织，则形成有图案的暗花纱。纱织物的组织稀疏，质地轻柔透亮，古人曾形容它"轻纱薄如空"，因此这件纱袍出土时被折成很小一团，塞在棺内的空隙处。经过考古人员的细心清洗，这件纱袍虽然历经800年的时光，但依然鲜亮如新，它的图案是造型相对写实的莲花纹，莲花呈侧视状，在上方有一荷叶纹，为俯视状，莲花和莲叶呈"品"字形组合连续排列，在相邻的两朵莲花之间装饰有四瓣朵花，其间有枝蔓穿插，若隐若现（图2-5）。这种荷叶田田的图案布局结构严谨、端庄典雅，饱满的花叶造型赋予其韵味和美感，又增加了装饰性。有专家曾对它进行过浓墨重彩的评价："交领莲花纹亮地纱袍长长的衣袖，令人揣想长袖善舞的潇洒；莲花的意象，纱丝的质地，让我们相信一个民族拥有的风雅。"

图2-5 莲花纹局部及图案复原图

在出土物中还有一件以素绢制成的肚兜，由一块方形的面料对角折叠后缝制而成，高43厘米，最宽处约117厘米，上下共有四条绢带（图2-6）。说到"肚兜"，人们普遍认为其是一种女性的贴身衣物，但其实这种服饰出现得很早，并且男女皆用，汉代刘熙的《释名·释衣服》中有："帕腹，横帕其腹也。抱腹，上下有带，抱裹其腹，上无裆者也。心衣，抱腹而施钩肩，钩肩之间施一裆，以奄心也。"这里提到的"帕腹""抱腹""心衣"等都是古人所穿的内衣，其中帕腹应该是一块横裹腰腹部的布，抱腹比帕腹多出上下的系带，心衣则是在抱腹基础之上将上部系带换为钩肩和钩肩之间的裆，清代王先谦注释说："奄，掩同，按此制盖今俗之兜肚。"可见其形制、功用与清代的肚兜相差不远，而赵伯澐墓出土的这件肚兜其款式也与史料中所称的"心衣"相近。

类似的肚兜在江苏金坛周瑀墓中也有出土，其由一块驼色素绢对角缝制成梯形，上宽15厘米、下宽83厘米、高30厘米，上下共有四条绢带（图2-7），发掘报告中称其为"抹胸"。[1]根据同墓出土的补中太学生牒文可知，墓主人周瑀是镇江府金坛县三洞乡碧鸾里人，出生于嘉定十五年（1222年），比赵伯澐晚出生了约70年，他在淳祐四年（1244年）即23岁这年补中太学生，但不幸于淳祐九年（1249年）去世，年仅28岁。太学分为外舍、内舍和上舍，分班分级管理。外舍生每月参加"私试"一次，每年二、三月参加"公试"一次，成绩合格者可升入内舍，每次录取百名；内舍生每年九月参加"内舍试"，通过考试以及行艺考察即可升为上舍生，每次仅录取十余名。太学生的毕业考称为"上舍试"，成绩与内舍试合并计算，是能否入仕的关键，两试俱优者，可取旨授官，行释褐礼，分数最高者称"释褐状元"；一优一平者可免礼部试，直赴殿试；两试俱平或一优一下者免解试，后免省试，待三年后赴殿试。[2]因此太学是南宋在科举考试之外第二个选拔官员的基地，周瑀作为太学生的一员，他墓中出土的服饰也是这个时期士人服饰的典型代表。

而在美国波士顿博物馆收藏的《北齐校书图》（宋代摹本）中也能看到这种肚兜的穿着方法（图2-8），这幅画被认为由北齐著名画家杨子华创作，描绘

图2-6 素绢肚兜，南宋，黄岩赵伯澐墓出土，台州市黄岩区博物馆藏

图2-7 肚兜，南宋，江苏金坛周瑀墓出土，镇江博物馆藏

1 金坛县文管会等.金坛南宋周瑀墓[J].考古学报,1977(1):105-131.

2 林正秋.南宋太学的重建与管理制度初探[J].杭州师范学院学报,1991(5):13-19.

图 2-8 《北齐校书图》（宋代摹本）局部，美国波士顿博物馆藏

了天保七年（556年）文宣帝高洋命樊逊、高乾和等十一人负责校勘内府所藏图书的情景。在画卷中央有一张坐榻，上坐四人，或披或穿薄纱衣，所穿的内衣均清晰可见，其中最左边的先生左手执书，右手执笔，读得非常投入，看到他身上所穿内衣，呈梯形，上部缝有两根带子，系在脖子上，左手上还挂着一根带子，可能就是两侧的系带。

穿着在墓主身上的衣物，共有八层，包括八件衣服、八条裤子、一双鞋子和一双袜子，手上还握着一方绢帕。最外层是最正式的服装——公服，相当于现在公务人员所穿的制服，宋代的公服基本承袭了唐代的款式，曲领（圆领）、大袖，下裾加横襕，穿着时腰间束以革带，头上戴幞头，脚蹬靴或革履，由于省略了朝服许多繁琐的挂佩，所以公服又有"从省服"之称。赵伯澐身上所穿的公服采用四经绞素罗织物制成，圆领，通袖长230厘米，衣长115厘米，袖口十分宽大，达到95厘米，下接横襕，两侧无开衩和褶裥（图2-9）。研究人员在揭取时，发现领口和衣襟处共有三对纽子、纽襻，纽子直径约0.7厘米，小巧如豆，保持着原来滚圆的形状；纽襻则是由一根丝线制成的环状扣，较为纤细。与公服配穿的幞头在出土时已经糟朽严重，仅存部分残片和两根长长的帽翅，但赵伯澐的头发保存完好，在颅骨顶部扎成一个高耸的发髻，用布帛系紧，是中国古代男子最为常梳的四方髻。在他的耳部额沿处，还扎有一根宽约3毫米的棕色绳带，从额前交叉分成两根用于固定于发髻，有点像现代的发箍，便于戴帽。

公服里面是一件梅花纹罗圆领衫，通袖长194厘米，衣长127厘米，袖口宽50厘米，后腰处缝有一条腰带（图2-10）。此件圆领衫的特别之处在于其后片自腰以下采用双层交叠的结构，即外层右侧与内襟右侧缝合，内层左侧与外

图2-9 圆领素罗大袖衫，南宋，黄岩赵伯澐墓出土，台州市黄岩区博物馆藏

图2-10 梅花纹罗圆领衫，南宋，黄岩赵伯澐墓出土，台州市黄岩区博物馆藏

襟左侧缝合，两层上端在后腰处缝合，形成可开合的双层交叠结构。此服饰结构应是受马背民族影响，不仅方便骑马，而且相比于两侧开衩，上马后衣服前后身分离不会过远，有利于保暖。隋唐时期，这种服饰就已十分流行，不但军中常用，普通百姓也喜欢穿，唐文宗开成年间因为"坊市百姓甚多着绯皂开后袄子，假托军司"，还专门下敕令禁断。不过到了宋代，官方似乎已不再禁止，这种后片双层交叠的圆领衫成为汉族男子日常穿着中常见的服装款式，在传世宋画中都能找到它的形象，在周瑀墓中也有出土两件类似的服装。

梅花纹罗圆领衫之下的四层衣服款式相近，俱为交领衫，两侧开衩，领缘、袖缘均有窄条镶边，特别是其中三件的镶边明显与正身面料颜色不同。此外，穿在第五层的交领火焰纹絁夹衫除了腋下有系带外，还在后腰处缝有一条腰带。根据宋代文献的记载，这种交领、两侧开衩的长袖衣物或可称为"背子"，常穿于公服之内作为衬衣。如《演繁露·卷三·背子中襌》提到："今人服公裳，必里以背子。背子者，状如单襦袷袄，特其裾加长，直垂至足焉耳……古之法服、朝服，其内必有中单，中单之制，正如今人背子，而两腋有交带，横束其上，今世之慕古者，两腋各垂双带以准襌之带，即本此也。"在现存的一些宋代帝王像和官员公服像，都能看到在公服之内穿有一件交领衣，从露出公服外的袖口看多为小袖，很可能赵伯澐墓中出土的这四件交领开衩小袖衣就是衬在圆领袍内的"背子"。[1]

赵伯澐下身所穿的八条裤子，最外面的四条都是开裆裤（图2-11），再内分别是一条合裆裤和一条开裆裤，贴身的两条都是合裆裤。宋代的男裤有开裆和合裆两种，开裆裤又称为"袴"，《说文》中讲"袴，胫衣也"，可知袴是只有两条裤腿，无腰无裆，直接套在小腿（即胫）上的裤子。到了秦汉之际，左右各一的胫衣逐渐演化成可遮裹大腿的长裤，但裤裆部位仍然没有缝合，所以古人讲究"勿箕踞"，就是坐着的时候双腿不要叉开，因为穿开裆裤这种坐姿不礼貌。而合裆裤据说最早来自北方少数民族，到了汉代已被汉族百姓所接受，称为"裈"，东汉《释名》说"裈，贯也，贯两脚，上系腰中也"，指的就是这种合裆长裤。宋朝时，随着椅子、凳子等家具的普及，人们的坐姿从席地而坐改为垂脚而坐，对合裆裤的需求也更为迫切，合裆裤成为贴身穿着的裤子，外面再套穿开裆裤。

图 2-11 菱格朵花纹绮开裆单裤，南宋，黄岩赵伯澐墓出土，台州市黄岩区博物馆藏

1 扬眉剑舞.【衣冠志】宋代官员要穿几件？——宋全套公服的层次与结构[EB/OL].[2020-05-03].https://weibo.com/ttarticle/p/show？id=2309445006262507930 35

第二节　两宋绫罗绸缎

赵伯澐墓作为800年前的"南宋衣橱"出土的衣物不仅款式齐备,而且织物品种多样,包括绢、绵绸、绫、纱、罗、縠、刺绣等品种,事实上,随着丝绸生产技术的发展,南宋时期浙江出产的丝绸品种更为丰富,已达十几种,咸淳《临安志》《梦粱录》《武林旧事》《建炎以来朝野杂记》等文献中都记载了大量丝绸的名称。丝绸生产的兴盛也带动了贸易的繁荣,在《西湖老人繁胜录》所记的杭州二十九个行市中就有丝锦市、生帛市、枕冠市、故衣市、衣绢市、银朱彩色行等六个与丝绸相关的专业市集,占五分之一以上。现在杭州中山中路羊坝头一带,南宋时就是丝绸商铺林立的地方,这些商铺"买卖彻夜不绝。夜交三四鼓,游人始稀;五鼓钟鸣,卖早市都又开店",并且所贩花色品种众多,《都城纪胜》中说杭州的天街之上"各家彩帛铺堆上细匹段,而锦绮缣素,皆诸处所无者"。贵家富户子弟是主要的消费者,当时可谓是"都市士女,罗绮如云,无夕不然"。

一、绢、绵绸、绫

绢的组织结构和织造工艺最简单,经纬线在一上一下间就形成了质地紧密的平纹结构,因此各地都有生产,是当时最为普通的丝织品。根据产地和用途等的不同,绢织物被赋予了各种不同的名字,如《梦粱录》中提到有一种"官机绢",推测可能是官营织造机构生产的产品,所以用生产它的织机命名。咸淳《临安志》中记载："杭州余杭郡土贡绢，钱塘、仁和、富阳、于潜岁解本色绢，余杭、临安、昌化、盐官岁解夏税绢，余杭、新城又有岁解和买绢，临安有岁解畸零绢，于潜有岁解和预买本色绢。"诸暨生产的吴绢有花山、同山、板桥等不同品种，"其轻匀最宜春服，邦人珍之"。

而绵绸则是一种与绢相类似的平纹织物，当时也有写作"紬"，它的经纬线都是使用加捻的绵线，这个"绵线"指的不是棉花纺成的线，而是使用缫丝之后的下脚料、有瑕疵的茧做原料纺成的，由于这些原料都是短纤维，所以需要加捻后再使用。它的质地厚重，价格也比用普通蚕丝织成的绢织物低廉，因而深受普通民众的喜爱，咸淳《临安志》中"绩绵渍线为之，谓之绵线紬"，说的就是这种织物。

绫织物比绢织物的织造工艺略复杂，它以斜纹作为基础组织，至少需要三片综。浙江出产的绫织物在唐代就已很出名，大诗人白居易曾写过一首《缭绫》来赞美产于越州地区（今浙江绍兴）的缭绫，诗中写道："缭绫缭绫何所似，不似罗绡与纨绮，应似天台山上月明前，四十五尺瀑布泉。中有文章又奇绝，地铺白烟花簇雪。织者何人衣者谁，越溪寒女汉宫姬。去年中使宣口敕，天上取样人间织。织为云外秋雁行，染作江南春水色。广裁衫袖长制裙，金斗熨波刀剪纹。异彩奇文相隐映，转侧看花花不定。"诗中的"地铺白烟花簇雪"指的是缭绫刚织好时的白色，而"烟""雪"两个字形容的正是地部稍暗，如铺白烟，花部较亮，似堆白雪的表现效果；"织为云外秋雁行，染作江南春水色"一句明确指出了暗花绫先织后染的工艺，江南春水色是一种蓝绿之间的碧色，用蓝草染成，诗中的"秋雁"也与唐代的官服用绫上雁衔绶带的图案相合；"异彩奇文相隐映，转侧看花花不定"正是写出了一般暗花绫织物的特点，所谓"异彩"是指某种奇异之彩，"隐映"表明暗花织物图案若隐若现，从不同的角度看，清晰度时强时弱，图案时有时无，这便是"转侧看花花不定"的缘故。除了越州的缭绫，杭州出产的绫织物如白编绫、柿蒂绫、绯绫等在全国也享有盛誉，唐代白居易有"红袖织绫夸柿蒂"之句来称赞杭产的柿蒂绫（图2-12），南宋《临安志》载"绫，杭州出柿蒂花者为佳，内司有狗蹄绫，尤光丽可爱"，柿蒂、狗蹄都是图案的名称，柿蒂绫应该是一种四瓣小花图案的暗花绫；狗蹄绫可能是一种点状小花图案的暗花绫，而且由于是官营织造机构生产的，质量特别讲究。

图 2-12 唐代柿蒂绫局部

二、纱、罗

罗是一种高级丝织品，它的纬线相互平行排列，但相邻的经线却相互扭绞与纬线交织，扭绞的地方经线重叠在一起，不扭绞的地方就形成了较大的但不规则的孔，专家也叫它"链式罗"。这种罗织物在中国古代延续了很长的时间，浙江是重要的罗织物产区，有越州越罗、婺州婺罗等，其中最有名的当属越州地区（今浙江绍兴）生产的越罗（图2-13）。唐代诗圣杜甫《白丝行》中有"缲丝须长不须白，越罗蜀锦金粟尺"，宋代陆游《初夏》中有"越罗蜀锦吾何用，且备幽人卒岁衣"等语，将越罗与天下闻名的蜀锦并列，可见其贵重。因此，唐代越罗也被列为贡品，唐代晚期越州就上贡"十样花纹等罗"。婺州地区（今浙江金华）在宋代以织罗著称，所产的罗织物包括暗花罗、含春罗、红边贡罗、东阳花罗，被统称为"婺罗"，北宋时期，婺州上贡的罗占全国罗织物总数的百分之八九十以上，而在北宋天圣元年（1023年）的一起贩运丝绸偷税案件中，当时富阳县民蒋泽等捉到贩卖婺州罗帛的客商沈赞，因他沿途偷税，其货物"罗一百八十二匹没纳入官"，可见产量和交易量之大。甚至当时会稽地区（今浙江绍兴）僧尼都参加织罗，生产出名噪一时的"尼罗"。[1]

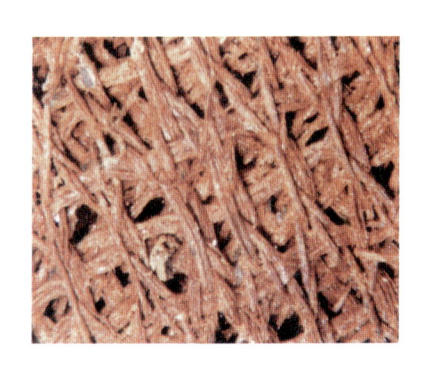

图 2-13 浙江杭州雷峰塔地宫出土的越罗局部

[1] 夏正兴.中国古代罗织物[J].东华大学学报（自然科学版），1979（03）：92-98.

之所以出现这种情况，与唐宋时期，特别是两宋时期人们对罗织物的青睐不无关系，所谓"舞衣偏尚越罗轻""薄罗衫子薄罗裙"，罗是当时人们广泛使用的服用面料。李心传在《建炎以来朝野杂记》中记载，他看到孝宗乾道年间的邸报，上列"临安府浙漕司所进成恭后御衣条目"，有"真红罗大袖、真红罗长裙、真红罗霞帔"等，皆以罗织物制成。而从姜夔《灯词》所描写的临安"南陌东城尽舞儿，画金刺绣满罗衣"的情状中，也可以想见宋代杭州人对罗织物的喜爱。南宋时期杭州生产的罗有结罗、博生罗、蝉罗、生色罗等，其中结罗"有花素二种，染丝织者名熟丝罗，尤贵"。据学者研究，结罗是一种采用链式结构的四经绞罗，一般罗织物是先织后染，依靠组织的不同来显示花纹，而熟丝罗则是先染后织，由此可以推断"这是一种多色彩的罗织物，或类似于以后的妆花罗，其水平应在结罗之上"。罗织物还被用于制作元宵彩灯，《武林旧事》载杭州元宵之夜"罗帛灯之类尤多，或为百花，或细眼，间以红白，号万眼罗者，此种最奇"，这些都是利用罗织物的透光特性而制成的不同图案和效果。

纱经常与罗一起被提及，称为纱罗，由此可知，纱与罗是非常相似的织物，它们都很轻透，但纱比罗更为轻薄。纱的原意是指其结构稀疏可以漏沙，也可以写作"沙"，它的结构特点是由两根经线相互绞转，并且每一纬绞转一次（图2-14）。它在唐代的文献中被称为"单丝罗"，到了宋代，被称为"方孔纱"。后来在纱的组织中又插入了平纹或其他变化组织，就形成了有图案的暗花纱。暗花纱中还有不少变化，如亮地纱、实地纱、祥云纱等。浙江就有很多地方生产纱织物，以杭州为例，生产的纱织物品种繁多，《临安志》和《梦粱录》中都提到杭州机坊"所织有素纱、天净纱、三法暗花纱、新翻粟地纱"。所谓素纱是指不提花的纱织物。天净纱的名字在唐代的文献中就经常出现，如《闻奇录》中载："有所衣天净纱汗衫半臂者。主妪见之曰：'此衣似

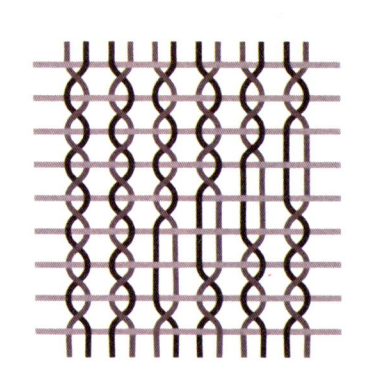

图2-14 纱织物结构图

顷年夫人与李郎送路之衣。'"明代杨循吉所纂《吴邑志》称"纱有数等,暗花为贵,其纹疏者曰天净纱",可见天净纱是一种暗花纱织物,其密度较为稀疏。"三法"是佛教用语,据说三法暗花纱是指以三行田形纹为图案基础的纱织物。新翻粟地纱应当是一种表面具有粟状起皱效果的纱织物,可以通过使用加捻的经纬线原料来达到这种效果,类似于后来的绉纱织物。《梦粱录》中还提到一种名为"茸纱"的织物,在文献中很少见,可能是当时杭州设计生产的新产品。纱在当时也和罗一样是受人欢迎的服用面料,北宋皇祐年间孙沔以资政殿学士出知杭州,"尝从萧山民郑旻市纱……会旻贸纱有隐而不税者,事觉,沔取其家簿记,积计不税者几万端",可见当时商人贩卖丝绸之盛。

三、纻丝

《临安志》中还提到了杭州出产有一种纻丝织物,其中"染丝所织有织金、闪褐、间道等类"。纻丝在元代文献中明显是指缎纹类织物,但在宋代的文献中似乎还没有如此明确的对应关系。不过从宋宁宗杨皇后的《宫词》"要趁亲蚕作五丝"推测,当时有可能已经有真正的五枚缎织物生产,只是在实物考古中还不曾发现。而《临安志》中所说"染丝所织"是指先将丝线染色再进行织造,可见与一般的暗花织物不同,而"织金"是指在织造过程中织入捻金线或者片金线,使之具有华丽炫目的外观效果;"闪褐"或许是指经纬线使用两种不同的颜色,使之具有闪色效果,其生产的原理类似于后来的闪缎织物;"间道"这一名称在宋代较为流行,应是指一种不同颜色相隔呈纵向条状排列的彩条丝织物,主要依靠色经排列的方法来达到这种效果。

四、书画用料

除了服饰之用外，还有一些丝绸是专门为书画之用生产的，其中最主要的是绢织物，这种供作书画之用的绢织物，其质量要求比一般的绢要高，特别是两宋时期，由于当时院画盛行，宋画的工整笔法及富丽设色，非有匀细之底子不能工，所以画绢的质地十分细密。杭州杜村出产的唐绢就因为"幅阔而机密"的特点，所以"画家多用之"。所谓唐绢，据专家考证即为双丝绢，唐皮日休有诗云"双丝绢上为新样"，说明双丝绢适用于绘画。按照明代书画大家董其昌的说法，唐绢粗而厚，用以作画，"纵百破极鲜明，嗅之自有一般古香可掬"。而皇室所用的画绢质量更好，明代唐志契在《绘事微言论鉴藏》中评论历代所用的画绢，称"宋有院绢，匀净厚密，亦有独梭绢，阔五尺余，有细密如纸者"。

绫、锦和缂丝则是装裱书画常用的材料。锦类织物是所用丝织物中织造工艺最为繁复的，吴越国时杭州就已丛集锦工，南宋时又在武林门外夹城巷晏公庙设立绫锦院，锦的生产已有一定的基础。在《梦粱录》中记录有一种"绒背锦"，"内司街坊所织以绒背为佳"，研究认为绒背锦是一种背部有浮长的织锦，在使用时背浮亦可以剪去。缂丝，当时文献中也写成"克丝"，有花、素二种，其"纬线非通梭所织"，是一种使用通经断纬的方法织造的丝织物。《临安志》上还记有一种"杜缂"，又名起线，可能是一种民间生产的缂丝。相对于绫织物，锦和缂丝织造费工费时，价格高昂，因此当时南宋内府在装裱书画时，视书画的珍贵程度会使用不同的面料。比如最珍贵的"出等真迹法书"，包括两汉、三国、二王、六朝、隋、唐君臣墨迹，及南宋皇帝题签并书写"妙"字的法书，以缂丝为包首，青绿簟文锦为里，引首选用大姜牙云鸾白绫；上、中、下等唐真迹，以红霞云鸾锦为包首，碧鸾绫为里，引首选用白鸾绫；次等的晋唐真迹及石刻晋唐名帖，则采用紫鸾鹊锦为包首，碧鸾绫为里，白鸾绫为引首；"钩摹六朝真迹"，即六朝真迹的摹本，则用青色楼台锦为包首，碧鸾绫为里，白鸾绫为引首；御府临书六朝、羲、献、唐人法帖和杂诗赋等，用毡路锦、衲锦、柿红龟背锦、紫百花龙锦、皂鸾绫等为包首，碧鸾绫为里，白鸾绫为引首；而本朝大家如苏轼、文同、米芾、蔡襄等人的书画作品，虽然也有详细的装裱规则，但只以绫装裱，不用锦及缂丝。[1]

宋代存在一种特殊的"和买"制度，即在初春的时候由官府预先贷款给农民，用于生产，待蚕期过后农民用绢来偿还贷款。其原意是保护农民在青黄不接之季不受高利盘剥，而官府也可获得绢帛以满足其庞大的需求，由于绢是其中最主要的产品，也被称为"和买绢"。杭州地区因为丝绸生产发达，所以和买制度十分盛行，占浙江和买绢总量的十分之三。虽然和买绢是卖给官府的丝绸商品，理应质量上乘，但是也有胆大者以低劣次品滥竽充数。北宋元祐四年（1089年），大文豪苏东坡任杭州知州，想要革除此弊，他命令负责税收的官吏对百姓交纳的绸绢进行筛选，不允许交纳质量粗劣的绸绢。结果新举措引发了大规模的骚乱，反抗百姓多达百人，不仅喧嚣于受纳场，更是奔涌至州衙前，官吏军兵不敢阻拦。苏东坡对此并没有强力镇压，而是对百姓婉言安抚，以理服人。众人散去之后，苏东坡对此进行了调查，原来背后是颜章和颜益两兄弟在煽动，他们是杭州第一等豪户颜巽的儿子，平时就凶横异常，欺行霸市，人送绰号"北山虎"。他们以每匹一贯的价格请求和买官钱，结果却以低价收买昌化县织造稀疏的次等货纳官，不仅尺寸短缺，而且为了增加分量，还刷了糨糊。查明之后，颜氏兄弟被苏轼处以"刺配"的重刑，百姓纷纷叫好，大快人心。

[1] 周密.齐东野语[M].北京：中华书局，1983.

第三节　宋人钟爱的丝绸纹样

与汉人追求神仙世界、唐人喜爱雍容华贵不同，宋人更钟爱清新风格，特别是植物花卉类纹样题材迅速兴起，成为一种时代潮流，改变了此前丝绸以动物纹样为主的格局。而琐纹等几何纹样的流行，则是两宋时期大量丝绸被用于书画装裱所形成的结果。此外，宋代丝绸纹样的构成形式疏密有致，分布均匀，既不会繁密不透，也没有过于稀疏和简洁，形成了一种令人赏心悦目、心旷神怡的构图布局。同时，在色彩的装饰上，不论纹样是何种题材，其色彩均保持统一的色调和较低的纯度，即使是绘画性的缂丝、刺绣作品，具有多彩的配色，其色彩的对比也不十分强烈，反而自然和谐。整体来说，这个时期的丝绸纹样在继承了唐代丝绸纹样艺术特点的基础上，根据时代的审美有了创新性的变化，纹样本身增加了更多的写实性，许多纹样也被赋予了更多特定的情感。如果说唐代的丝绸图案是以艳丽、豪华、丰满为其特色的话，那么宋代的丝绸图案则是以清淡自然与端正庄重为其时代风格，并表现出雅俗共赏的艺术境界，具有鲜明的时代特色。

一、植物纹样

两宋时期人们对植物种类的发现和认识远超唐代，唐代李绩、苏敬等编撰的《新修本草》中共记载药用植物600种，而宋代唐慎微所著的《证类本草》中记载的药用植物已达1122种。当时记载的花卉品种也大大超过前代，据称达到360余种，人工栽培花卉的技术更是大为发展。不仅文人士大夫们爱花，连普通百姓也把养花、赏花作为时尚，为丝绸纹样中植物纹样的兴盛打下了基础。从文献记载的名字来看，用做丝绸的植物纹样有牡丹、莲花、宜男、葵花、竹、芙蓉、樱桃、瑞草等。

而就实物所见，两宋时期的植物纹样以各种写实花卉为主，即所谓"生色花"。与唐代花卉纹样的雍容华贵相比，当时的花卉纹样较少程式化，枝叶穿插自然生动，花瓣虽然做了简化处理，但仍保持花种自身的特点。从福建福州黄昇墓和江西德安周氏墓出土的丝绸文物来看，宋代花卉纹样的种类非常丰富，除了唐代流行的牡丹、荷花外，还出现了梅、兰、竹、菊等符合宋代文人审美的"君子"花卉，如德安周氏墓中出土的松竹梅纹绮（图2-15），竹和松经冬不凋，梅凌寒而放，宋代文人称它们为"岁寒三友"，是中国传统文化中高尚人格的象征。这件织物以平纹作地，纬浮长显花，将竹叶、松针和数朵梅花集合在同一折枝上，相互穿插，简洁生动。此外，芙蓉、山茶、月季、海棠等也是这一时期花卉纹样的主流，其中很多纹样富有吉祥寓意，流行甚广，成为明清吉祥纹样的源头。

图 2-15 松竹梅纹绮，南宋，江西德安周氏墓出土，中国丝绸博物馆藏

宋代花鸟画的兴盛也影响到了丝绸纹样的设计，花卉与鸟蝶瑞禽的结合随处可见，见诸记载的有百花孔雀、穿花凤、云雁及瑞草云鹤等题材，在传世的宋代缂丝中则有缂丝紫鸾鹊谱等（图2-16），而且这些纹样大多有一定的寓意，如"花之于牡丹、芍药，禽之于鸾凤、孔翠，必使之富贵；而松竹梅菊、鸥鹭雁鹜，必见之幽闲"。

图 2-16 缂丝紫鸾鹊谱，宋代，辽宁省博物馆藏

二、几何纹样

几何纹样是历史最悠久的丝绸纹样之一,并且长期占据着主流地位。两宋时期是几何纹样大发展时期,种类丰富多彩,形式变化万千,见于文献记载的就有龟背纹、曲水纹、方胜纹、叠胜纹、球路纹、琐子纹、簟纹、盘绦纹、方棋纹等。

球路纹是宋代颇具典型性的一种丝绸纹样(图2-17),在当时的史料中记有多种与球或绦相关的丝绸图案名称,如"球路锦""真红雪花球路锦""盘球晕锦""盘球细雁晕锦""细球之锦"等。其实所谓球路纹是一种先将圆相套或相接,再连续重复而形成的几何纹,在我国古代,圆形似球者也称"毬",因为最早的球是用动物毛纠结而成,所以球路纹又叫"毬路纹"。根据构成纹样所使用"球"数量的不同,球路纹又可以分为几个不同的细类:比如只构成一个单独圆形的,称为盘球纹;四圆相交称为簇四球纹;而六圆相交称为簇六球纹;在大圆小圆中间装饰其他纹样的,称为填华球纹;在簇六球纹中装饰雪花者,则称为簇六雪华。

"卍"字是古代的一种吉祥符号,在古希腊、波斯、印度等国均有应用,唐代时,"卍"字开始出现在中国的装饰艺术中,但多用于佛教场合。到了宋代,"卍"字纹被大量应用于丝绸文物中,有单独的,也多个由"卍"字组成的连续纹样,后者被称为"卍"字曲水或"卍"字不到头,表示连绵不断、万事如意的吉祥意义。此外,"卍"字纹也常与方胜、米字、

图2-17 刘松年《宫女图》中的球路纹

钱纹、梅花、树叶、折枝花等一起出现，形成直线与曲线、线与面多种元素的对比，繁而不乱，充满生机。

此外，还有一些模仿其他实物形态的几何纹样，如方棋纹，因形似围棋的盘格而得名；簟纹，即模仿编织物的各种纹理；水波纹则是模仿水波的形态；方形纹，即由方形相连或相套而成。

在宋代人的丝绸纹样设计中，几何纹也常作为花鸟纹的衬地出现，特别是一些具有很强吉祥寓意的几何纹，如用来象征长寿的龟背纹，仿古代锁子甲形状、有连绵不断之意的锁子纹等。

三、动物纹样

动物纹样在隋唐之前极为盛行，广泛应用于各类器物的装饰之中。秦汉时期由于谶纬神学和福瑞之说的流行，使得当时的动物纹样具有较浓郁的神仙色彩。两宋时期，动物纹样在丝绸中的统治地位虽然被植物和几何纹样所取代，但仍有数量不少的龙、凤、麒麟、狮、虎等动物形象被沿用，并展现出了独特的时代特点。

龙纹很早就出现在中国丝绸的图案中，经五代至宋，龙纹造型进一步规范，并更趋于华美。同时作为封建皇权的化身和御用纹样，龙纹用于丝绸图案的规定越来越严格。据南宋洪迈《容斋随笔》记载："北宋崇宁间，中使持御札至成都，令转运司织戏龙罗二千，绣旗五百，副使何常奏：'旗者，军国之用，敢不奉诏。戏龙罗唯供御服，日衣一匹，岁不过三百有奇，今乃数倍，无益也。'诏奖其言，为减四之三。"可见戏龙罗是专供皇帝御服所用的。辽宋时期的织物，如长干寺地宫出土的织物，其上可见印金千秋万岁团龙纹（图2-18），其龙纹形体已演变为粗体细尾的蛇蟒形，尾部逐渐变细，脖子部分也较细，在造型上表现出一种威严的神态。

凤是传说中的神鸟，和龙一样是四灵之一，在古代是祥瑞的象征。秦汉时凤纹被大量地应用，这个时期凤的造型趋于写实，着重于模仿自然界中的禽鸟形态，冠羽和孔雀类似，腿细长如鹤足，羽毛呈鳞状，双翼多张开，姿态生动奔放又秀丽灵活。此后，随着中国封建社会的发展，各项规章制度逐步完善，凤逐渐成为后妃的象征，其造型经过长期的演变，到宋代基本定型，《宋书·符瑞志》中对此有详细的记载："(凤)蛇头燕颔，龟背鳖腹，鹤颈鸡喙，鸿前鱼尾，青首骈翼，鹭立而鸳鸯思。"而目前所见的宋代凤纹，其造型喙如鹰，头戴冠，颈羽修长，尾如花卉，与今天所见的凤纹相去不远。同时，由于凤纹具有美好吉祥的寓意，也深受民间妇女的喜爱，凤纹逐渐世俗化，而且受花鸟画影响，凤纹也与花卉纹相配为饰，如凤穿牡丹纹，并渐渐地成为程序化的表现方式。

图 2-18 印金千秋万岁团龙纹复原图

四、仙道与婴戏纹样

仙道纹样是其中较为特别的一种，与唐代对佛教的狂热不同，宋代崇佛有所节制，宋真宗以后道教盛于佛教，宋徽宗更是将道教作为国教来尊崇，所以天下道法大兴。而道教在辽代虽然不如佛教兴盛，但也深受契丹统治者的崇奉，在统治者的崇奉下，道教对社会生活的各方面影响很大。在当时流行的各种说唱、戏曲等文艺活动中，道教神仙故事都是重要内容。这些都被反映到丝绸图案中，不仅仙风道骨的道家神仙形象大受人们欢迎，连神仙的坐骑如仙鹿、仙鹤、神龟等也为人们所喜爱，被赋予了长寿吉祥的寓意。因此丝绸上常见仙人、道童与鹤、鹿、龟等元素组合在一起的图案，画面中也往往有流云、山峦、流水、花树等元素，营造出道家仙境的氛围。

另一方面，由于两宋时期先后与辽金交战，战乱频繁，人口较前代下降了很多，因此人们自然希望能多生育，增加人口。在这样的时代背景下，当时的丝绸图案中出现了大量的婴戏图案，如黄昇墓出土衣物花边上的婴戏纹（图2-19）。所谓"婴戏"是指描绘儿童游戏及生活场景的一种纹样，画面普遍生动活泼，情趣盎然，充满着童真的情趣和吉祥的意蕴。这种图案的大量出现，不仅反映出人们对家业兴旺、人丁兴盛的期盼，也表现出人们希望国家强盛、民族兴旺的心情。

图2-19 黄昇墓出土衣物的婴戏纹印花花边

五、两宋时期丝绸纹样的构成形式

与两宋时期的文化繁荣相对应，丝绸图案不但在题材上得到了极大的丰富，其形式也有了更加多样的变化。这一时期人们对植物极为热爱，因此植物题材在丝绸图案中应用广泛，写实的折枝、缠枝和串枝式构图成为宋代丝绸图案的代表形式。另外，当时以描摹绘画为内容的欣赏性刺绣及缂丝产品逐渐兴起，也使得丝绸纹样在布局与组合上更加自由。通过对这个时期丝绸图案构成形式的分析，可看到其单位纹样的特点为写生花鸟纹样的写实性、几何纹样的抽象性及自然景物纹样的装饰性。根据现代平面设计总结的图案组织原则，宋丝绸纹样的构成形式可以归纳为以下几种：

单独图案的构成形式。单独图案讲究对称与均衡，内容均匀，疏密有致，如团花纹即可称为单独图案。使用时常在织物上按米字构成骨架，进行规则散点式排列。

连续图案的构成形式。有折枝纹、缠枝纹、散点纹、波纹等不同样式，可分为二方连续图案和四方连续图案，二方连续图案主要用于各种边缘装饰，如服装的领边与袖边等，四方连续图案则多用来大面积平铺。折枝纹连续式是代表宋代审美意识的典型纹样构成形式，其特点是写实生动、恬淡自然。通常采用牡丹等大朵花卉为主要题材，同时配以梅花等小花及叶、蕾等，秀丽典雅。福建福州黄昇墓出土的褐色牡丹花罗、褐色牡丹芙蓉花罗等都可见此类图案。缠枝纹连续式是结合了唐草纹和折枝纹的一种纹样形式，常在众多散点排列的写实性单位花卉纹样间穿插枝叶、藤蔓，作曲线的连接、反转，使其相互连接，自然流畅、动静结合、生动优美、富有韵律感。缠枝纹中的花卉分布均匀，枝条处于次要地位，花叶相连，形成一种遍体开花的效果。散点连续式是由一个以上不同的单位纹样作散点分布，互不相连，错落有致。由于不同单位纹样大小不同，排列起来很有节奏感。波纹连续式多以波状曲线为基线，还可与缠枝纹相结合，使花叶巧妙而自然地顺波纹缠绕，隐蔽地显露出部分枝梗。如福建福州黄昇墓及江西德安周氏墓出土的大量衣物的饰边就使用了波纹的二方连续。

综合图案的构成形式。两宋时期丝织工艺的提高和设计意匠的巧思促进了纹样内容和构成形式的精进，常将多种纹样加以综合，其中最有代表性的就是"锦地开光"纹样。所谓"锦地"即以细锦为地纹，"开光"意同开窗，即在锦地上安置窠形的意思。

六、两宋时期丝绸纹样的色彩

宋代除了在政治上表现得较为保守外，在思想上也受到"理学"的统治和束缚。"理学"要求人们规范自己的言行举止和是非观念，在社会稳定方面起到维护作用的同时，也深深地融入到了整个时代的审美中。宋代丝绸图案的色彩不如唐代鲜艳，其纹样的配色素淡清雅，与写实化的纹样风格相协调，总体色彩倾向于清淡柔和，典雅庄重。其中单色的提花或印花织物常使用茶色、褐色、棕色、藕荷色和绿色等，以间色或复色为基调，配上白色，点缀或淡或重于地色的同色系花纹，极为淡雅恬静。而宋代的织锦、刺绣、缂丝等多种颜色齐用的丝织物同样一反唐代使用强烈对比色、以色彩面积差异及金银黑白灰的间隔求得色彩统一的配色方法，采用降低地色和主要纹样颜色的对比度和饱和度，在地色与纹样色之间使用调和色的调和配色法。纹样色彩柔和、明朗，并与纹样形式协调一致，构成了宋代丝绸图案色彩或典雅庄重，或恬淡自然的优美意境。

知识小贴士

相比于其他历史时期，两宋时期出土的丝绸织物数量不多，因此研究这个时期的丝绸纹样，文献资料就成为了很重要的辅助材料。比如元代人费著写的《蜀锦谱》是研究宋代蜀锦的专门著作，不仅记述了成都锦院的设置、规模、分工等，而且还详细记录了宋代蜀锦的名字，从中我们可以看到当时流行的纹样题材。而《营造法式》也是一本很不错的参考书，由北宋李诫奉朝廷命令编写，虽然它是一本建筑学著作，但其中第十四卷"彩画作制度"详细记录了各种彩画的形象和图样，很多都与丝绸纹样相通，而且书中配有相应的插图，不仅对于研究宋代流行的丝绸纹样有一定的参考价值，而且对于纹样的命名也有帮助。

第三章 丝绸之府

十样西湖景,曾看上画衣。
新图行殿好,试织九张机。

湖州市
- 蚕花庙会 "被誉世界丝绸之源"

嘉兴市

杭州市
- 马可·波罗：意大利著名旅行家，13世纪末来到中国游历，赞誉杭州为"天城"。
- 杭州绸业会馆：位于直大方伯92号，清末民国杭州规模最大、最完整的同业组织会馆，也是杭州现存唯一的丝绸业会馆。

绍兴市
- 蚕学馆：知府林启1897年创办，原址位于现曲院风荷公园内，开创中国近代丝绸、农业教育先河。
- 中国丝绸博物馆
- 云机
- 河姆渡蚕

浙江杭州素有"丝绸之府"的美誉，它的蚕桑丝绸生产历史悠久，最早可以追溯到距今约5300—4500年的良渚文化时期，汉朝至魏晋南北朝时期，杭州的丝绸生产逐渐发展，至五代十国时期，经过吴越国七八十年"闭关而修蚕织"的经营，生产能力进一步提高，杭州所在的江南地区在北宋时逐渐成为全国三大丝绸产区之一。南宋迁都杭州后，为满足朝廷巨大的丝绸需求，杭州官营织造业快速壮大，民间丝织业生产能力也不断提高。元代的大旅行家马可·波罗曾记载当时杭州城"出产大量的丝绸，加上商人从外省运来的绸缎，所以当地居民中大多数的人，总是浑身绫罗，遍地锦绣"。明清时期，丝绸生产更加向杭嘉湖地区集中，杭州的丝绸业随之进入了一个全新的繁盛期。数千年来，丝织业的发展为杭州带来了众多的丝绸遗存，现在就让我们去一一探寻吧！

第一节　上贡皇帝的丝绸是哪里织的？

在中国古代社会，昂贵的丝绸一直是身份和等级的象征，普通老百姓一般很难负担，皇室贵族才是它最大的消费群体。比如建都于杭州的吴越国，属五代十国之一，它的创建者武肃王钱镠（图3-1）在富贵之后，于天复元年（901年）回到家乡临安宴请父老乡亲，他命人把山上的树木都用锦幄覆盖起来，甚至连当年钱镠贩盐用的扁担也用锦进行装饰。"三节还乡兮挂锦衣，碧天朗朗兮爱日辉。功成道上兮列旌旗，父老远来兮相追随。家山乡眷兮会时稀，今朝设宴兮觥散飞。斗牛无孛兮民无欺，吴越一王兮驷马追。"这首《巡衣锦军制还乡歌》虽然描写的是钱镠衣锦还乡之荣，但从中也可见吴越统治者对丝绸惊人的消耗量，何况当时吴越国还需向中原王朝进贡，据《枫窗小牍》载，仅钱俶一朝就进贡了"锦绮二十八万余匹，色绢七十九万七千余匹"。这么多的丝绸是从哪里来的呢？除了部分来自民间作为赋税上交的丝绸外，皇室贵戚所用的丝绸都有专门的机构负责生产，虽然历代机构的名字有所不同，但都可统称为官营织造。

吴越国的官营织造机构就设在杭州，这也是杭州历史上记载最早的官营丝织机构，规模很大，在唐末天复年间就有锦工三百余人，

图 3-1　钱镠像，清代摹本，常熟市博物馆藏

基本都来自纺织业较为发达的润州地区（今江苏镇江），他们的工作性质属于无偿的"徭役"，生产出来的产品不准进入商品市场，只能供王室和官府使用。

吴越国归降北宋后，至道元年（995年），朝廷在杭州设立了地方性官营织造机构——织务（也称织室），后来一度被罢停，到了崇宁元年（1102年），宋徽宗又命太监童贯在杭州恢复织务，此时在此从事织绣工作的匠人有数千人之多，直至宣和三年（1121年）被废，织务前后存在了约二十年。

北宋灭亡后，北方大量的人口随宋室南渡，涌入浙江，其中就有大量熟练丝织工匠。绍兴八年（1138年）杭州正式成为南宋都城后，直接为皇室宫廷服务的中央官营织造机构也顺理成章地被设在了杭州。这些皇家丝绸工坊主要包括文思院、绫锦院、染院、文绣院和裁造院等，分工各有不同。文思院设在北桥东（今仙林桥一带），分为上下两界，其中下界主要负责生产用于告身、度牒等所用的绫纸。告身是宋代任命官员所用的官方文书（图3-2），由官告院负责颁发，绍兴年间，因为官告院绫纸的图案太过简单，易于伪造，还曾下令让文思院重新织造一批花样。告身和度牒等所用的丝带也是由文思院生产，如《宋辑要会稿》记载，绍兴五年（1135年）三月五日，工部据文思院下界的申报上奏："见承官告院牒，诸色官告万数浩瀚，系告青白丝线带子，系用机织造，阙少人匠，织造不前。今相度，乞将封赠并焚黄告除四品以上及职事官监察御史以上，并用丝线带子，其余官依造空名官告料，权用碧绿绫带子充代。每五十条为一料，其合用工料，令户部量审支给，候将来告命稀空日依旧。"[1] 文思院的生产规模也十分可观，淳熙十四年（1187年）四月七日的文告称："（文思院）一岁合织绫一千八百匹，用丝三万五千余两。近年止蒙户部支到生丝一万五千两或二万两，止可织绫八百余匹。每遇大典礼、恩赏、出给告命拥

图3-2 南宋《司马伋告身》局部

[1] 刘琳，刁忠民. 宋会要辑稿：职官二九[M]. 舒大刚等，校点. 上海：上海古籍出版社，2014.
[2] 同1.

并,遂行陈情,用杂花绫纸。乞岁支生丝三万两,织造绫一千五百余匹。"[2]除此之外,文思院还承担其他业务,如《宋史》中记载绍兴三十二年（1162年）,文思院就曾奉诏为邓王、庆王和恭王三位皇子制作由七梁额花冠、貂蝉笼巾、金涂银立笔、真玉佩、绶、金涂银革带和乌皮履组成的朝服,及金涂银八旒冕、真玉佩、绶和绯罗履袜组成的祭服;绍熙元年（1190年）祭祀宋孝宗生父秀安僖王赵子偁所用的祭器、祭服也是由文思院制造。除了给皇室制作服饰冠冕,文思院也负责一些特定服饰的制作,比如据当时习俗,立春这天要簪戴春幡、春胜,朝廷会根据品级给百官赐春幡、春胜,宰执、亲王用金,其他人用金裹银和罗帛,这些都由文思院造办。[1]

绫锦院"掌织纴锦绣以供乘舆及凡服饰之用",主要负责皇家的服用衣料和车架等所用的绫、锦、绢的织造,地点设在武林门外夹城巷晏公庙,拥有三百多张织机,工匠数千人。绍兴三年（1133年）,为了利于统筹兼顾,方便生产,绫锦院被并入文思院。[2]染院负责丝、帛、绦、线、绳等的染色;文绣院负责皇家服装、乘舆及祭祀用品的刺绣;裁造院则负责服装的裁剪制作。可以说,这些官营织造机构已经囊括了皇室用绸的各个方面。至元十六年（1279年）,元代统治者刚刚统一全国,朝廷就在这年的冬天下旨建立了七十余所从事丝绸生产的局院,有工匠四十二万人,所生产的绸缎产品除了供应军需外,主要是满足宫殿装饰、皇室贵族及官员服用、赏赐和对外交往之用。据明代嘉靖时期的《仁和县志》记载,元代杭州织染局是在接管南宋武林门外夹城巷的织造府署后改建而成,与同期设置的建康织染局相同,设有"大使、副使、相副官各一员"。《元史》中载,至元十六年（1279年）九月,忽必烈命以杭州税课所入,"岁造缯段十万以进",一年织造绸缎十万匹,杭州织染局的规模肯定相当庞大,难怪皇城大都的皇亲贵族要不时到杭州来催办各类上等丝织衣物。总的来说,元代杭州官营织造机构的生产规模和发展速度是惊人的,是江南丝绸业由中心向重心地位转移的过渡时期,最终形成明清两朝的朝廷所需丝绸主要来自杭州等江南地区的局面（图3-3）。

明代的官营织造分为中央和地方两大系统,设在地方的织染机构据记载共

---

1 (宋)周密.武林旧事：卷二立春[M].钱之江,校注.杭州：浙江古籍出版社,2011.

2 王颜,杜文玉.论唐宋时期的文思院与文思院使[J].江汉论坛,2009（4）：89-96.

图 3-3 欧洲人想象中的杭州

有23处,其中江南共计16处,占总数的近70%,而浙江一省即有杭州府、绍兴府、严州府、金华府、衢州府、台州府、温州府、宁波府、湖州府、嘉兴府等10处,其中规模和产量均以杭州织染局为首。

杭州织染局最早于洪武二年(1369年)建于凤山门内斯如坊朱家桥,后来因为"地势卑湿,僻隘不便",于是永乐年间又在涌金门元代御史台的基址上建了新局。建成后的新局因在旧局之北,故称北局,而旧局则称为南局。北局的规模十分宏大,有"大门一座,正厅三间,东西二库,提调府厅局官厅以下,各计房屋七十间。又置围墙立中门,内有房屋百二十余间,分为织罗二作,有古井一,避火园二"。弘治年间,又重新修葺了北局,其范围东至西河街,西至运司河街,南至藩司墙,北至台后桥河一带。后来南局渐废,所有工料并归北局,北局的规模更大了,据万历《杭州府志》记载,当时的杭州织造局分为东、西二库,都在普济桥东旗纛庙西侧,庙左的称为东府,庙右的称为西府,两府的布局基本相同,东别门外为机房,但西府的建筑更为壮观。

在朝廷所需的丝绸中,杭州织染局一开始只承担赏赐用缎匹的岁造任务,由地方官府督造,岁造缎匹可达3694匹,闰年更要加织165匹。[1] 但永乐以后,情况发生变化,在织造岁造缎匹的同时,杭州织染局也承担皇家所用高级丝绸的织造,朝廷还在内府司礼监设苏杭织造太监一名,或驻苏,或驻杭,代表皇室直接进行生产管理。杭州织染局的织监则以永乐时的宦官萧月、阮礼为始。

[1] 范金民,金文. 江南丝绸史研究[M]. 北京: 农业出版社,1993: 115.

以后有刘景、罗立（洪熙年间），陈源（宣德年间），韦义（正统年间），来福、罗政（天顺至成化年间），龚洪（正德年间），刁永、吴勋、郭秀（嘉靖年间），李佑（隆庆年间），鲁保、吕贵（万历年间），李实（天启年间）等人。[1] 为了方便织造太监监理工程、核算成本，还在织染局中设立了专门的办公处——经纶堂，现在杭州碑林里就保留着嘉靖四十一年（1562年）所立的《经纶堂记》碑（图3-4）。

杭嘉湖等地的官营织造机构，既要织造朝廷派织的大量上用缎匹，又要完成岁造任务，像天启初年的年派织数达5万多匹，使地方难以承受。而且明中期以后，许多地区的官营织染机构因为织造工艺不过关，产品质量低劣，为完

图3-4 明代《经纶堂记》碑

[1] 金琳.从《经纶堂记》残碑看明代浙江官营织造[J].东方博物,2007（2）:71-78.

成任务，索性跑到苏松等地收买缎匹充数，靠江南地区的织染局自身的力量显然是无法负担的，所以到后来，苏杭等地的织染局索性只织造要求较高的加派缎匹。万历时杭州人陈善说杭州织染局"虽郡属而实织造御用袍服"，很显然，织染局成为了专织御用袍服的场所。原来的岁造缎匹则改由民间领织，承担领织的大多为民间机户，他们到官局领取丝料，代织成匹，或织好后直接到官局领取银两，类似于现在的来料加工和订货加工。另外朝廷还将尚书赵文华在积善桥的旧宅改为新局，负责岁造缎匹的督验任务，民间领织的缎匹，可能就在这里办理领织或织后查验入库的手续。直到天启七年（1627年），朝廷发布了停办苏杭织造、召回织造太监的圣旨，明代杭州官营织造至此结束。

不过，才过了二十年，入关不久的清廷即派工部右侍郎陈有明督办重整苏杭织造，在涌金门内明代织造局旧址上进行翻修重建，又"新造织染局东西二府并总织局机库等房三百又二间，修理旧机房九十五间"，于顺治四年（1647年）四月落成。到了康熙四十五年（1706年），为迎接康熙皇帝南巡，杭州织造孙文成捐修东府，"复于大门之外购买民地开浚城河以达涌金门。府之外，复有织染、总织、西府三局"，形成了下属内造织局、外造织局、纺局、染局四局的格局，其中内造织局也称红门局，是杭州织造府的管理机构所在，染局亦称西府局，在涌金门，纺局、外造织局在回回新桥东，这三处都是织染工场，共有织机770张，其中缎机385张，部机385张，规模大大超过了前代。[1]

由于明代管理官营织造的太监腐败事迹不断，清廷废除了织造太监，改由工部侍郎来管理苏杭织造，并规定："江宁、苏州、杭州织造诸局各设监督、笔贴式、库使各一人。三年更代。十八年准奏，一年更代……又议准，江宁、苏州、杭州织造官员缺，于内务府郎中、员外郎内拣选引见补授；司库员缺，于三处织造笔贴式、库使及在京笔贴式、库使内拣选；笔贴式、库使员缺，于在京笔贴式、库使内拣选，均引见调补。"康熙二年（1663年），又下令改由内务府官员出任三织造的监造，除了负责管理织造业生产、采办织物供宫廷使用外，还负有监督地方、充当皇帝耳目的职责，因此虽然官位的品级不大，却因是钦差大臣而享有与各省督抚并列的地位。直到清代中期以后，这种特殊地位

[1] 杭州丝绸控股集团公司.杭州丝绸志[M].杭州：浙江科学技术出版社，1999：67.

和作用才消失。[1]

当时清廷所需全部高档丝绸的生产几乎都由江宁、苏州、杭州三地的官营织造承办，在织造的品种上，三织造的侧重点略有不同，杭州织造以官用、宫廷服用及装饰、庆典用绸等内用缎为主，也承织部分御用袍料及制帛、诰敕、驾衣等上用缎和部派缎匹。[2] 虽然就织造品种而言，杭州不及江宁织造局，但就数量而言，却是在三织造中最多的，特别是杭州织造局承织的绫、绸、杭罗等织物，主要用于各种宫廷庆典，随着清廷的各种庆典日趋增多和规模日盛，生产量也随之逐年增加（图3-5）。

因为织造局生产的织物基本都是供宫廷使用的，所以对产品图案和质量都有严格的要求，其图案和颜色通常由内务府广储司拟定，分派各处照式承办。织机所用花本须定期换造，以保证其图案新颖，像杭州织造就规定十年一换。同时，为了保证质量，对于生产不达要求者严加治罪，如乾隆三十八年（1773年）规定上用缎匹有一二匹、官用缎匹有十匹以内质量不合格者，允许补织，

图 3-5 杭州织造局生产的匹料，清代，中国丝绸博物馆藏

---

1 严勇.清代的官营丝织业[J]. 故宫博物院院刊, 2003 (6): 82-89.

2 范金民.清代前期江南织造的几个问题[J]. 中国经济史研究, 1989 (1): 78-90.

但所需经费不准报销；上用缎匹有三匹以上、官用缎匹有十匹以上质量不合格者，该处的织造官就要被治罪。

清代官营织造基本上实行的是"买丝招匠"制度，即将官机和生产任务交给民间的殷实机户承包，发给"官机执照"，承包人凭照雇募织匠，进织造局按照规定的样式集中生产，缎匹织成后由机户上缴给织局。[1] 这些织匠一方面具有官匠的身份，接受官府严厉的监督和惩处，另一方面，他们也享有劳动报酬，每月都有口粮，并按计日工价，发给工钱银。而生产所用的蚕丝原料则由织造局按"时价"从民间购买（实际是压价收购），染、整、络、纺等都按项计加工费，所有产品都按工料计算价银，最后向户部报销。

然而这种织造形式是以朝廷雄厚的财政实力为后盾的，乾隆以后，随着朝廷财政困难，江南三织造的经费被大幅度削减，致使其规模呈现缩减的趋势。特别是咸丰年间，太平军攻打杭州，织造局的机匠被命令上城防守，死伤无数，外造织局又毁于战火，织机、档案、卷册等损毁严重，使杭州织造局元气大伤。直至同治三年（1864年），杭州织造鹤昶才将外造织局并归尚存的染局，并将残毁的房屋修葺重建，杭州织造局得以逐步恢复。此时的清政府财政状况恶化，虽然还有少部分官机在生产，但织造局已无力承担朝廷所需的大量绸缎，为了方便程序、减低成本，向民间

1 范金民.清代前期江南织造的几个问题[J].中国经济史研究，1989（1）：78—90.

图 3-6 浙杭张沄记生产的龙袍袍料，清代，中国丝绸博物馆藏

定织或者直接采购成品已经成了完成朝廷任务的主要手段，杭州的蒋广昌、肇汇等绸庄都曾承办过官货（图3-6）。织造局也因此形同虚设，内部管理变得混乱不堪。到了光绪年间，杭州织造局剩下的机子不过五六十台，工场墙塌柱歪，衰败的景象让人直呼"做梦也想不到这是堂堂朝廷直辖的官营工场"。[1] 又过了几年，清廷驻杭新军起义，杭州织造联荣被捕，延续了上千年的杭州官营织造机构也随着封建制度一起成为了历史，只留下"红门局"这个地名还留存至今，作为昔日辉煌的一点遗迹。

历史小黑板

宋代任命官员需要由朝廷颁发正式的官方文书给受封人，称为"告身"，而生产告身所用的绫纸是当时官营织造机构文思院的一项重要工作任务，这种绫纸的图案都是官方审定的，不准私下织造。淳熙十三年（1186年），工部侍郎李叔永因为父亲被追赠为太子少师，就利用自己管理文思院的便利条件，违制私下命令院工阎谅为他织造销金绫纸来制作告身，被御史弹劾，受到了处罚。

---

1 范金民.清后期江南织造的演变[J].历史档案，1992（1）：109-116.

第二节　是什么机器最早织出了丝绸？

要把由蚕宝宝吐出来的一根根丝线变成美丽的丝绸，织机是必不可少的工具。在汉字中"机"的繁体字写作"機"，就是一台织机的形象。它的左边是一个"木"字，代表织机是用木头做的，右下方的"戌"字是一个织机机架的侧视图，而"戌"字上面是两绞丝，象征装在织机顶上的经轴。一般来说，一台织机要织成一匹丝绸最起码要完成五个动作：首先是"送经"，就是把经线排布在经轴上，并把它按需放出来；这些送出来的经线需要分成上下两层形成一个梭口才能交织，这称为"开口"；接着，织工要将绕了纬线的梭子投过这个梭口，称为"投梭"；在形成下一个梭口前必须把留在梭口内的前一梭纬线打紧，这叫"打纬"；最后要把织好的布卷绕在一根布轴上，这称为"卷布"。因此，对古代中国人来说，丝织机是当时最为复杂的工具之一，用它来织绸堪比使用今天的高科技，是中国古代各种技术中最为奇妙的部分之一，正所谓"灵机一动"，才能织出各种精美的图案。

在这些神奇的织机中，人们最早使用的是一种以手提综开口的原始腰机，这种织机没有机架，但能够完成织机的基本功能要求。一般的原始腰机起码有三根木杆：送经的经轴、卷绸的布轴和开口的开口杆，这在后来被称为"三轴"的三根杆子，是织机的基本部件，而投梭和打纬两步则由与机身分开的梭子和打纬刀来完成。

由于年代久远，木质易朽，完整的远古时期的原始织机已见不到了，但是还有一些构件被保留了下来，比如在距今7000年的余姚河姆渡遗址、田螺山遗址中已发现了部分构件，但目前所知中国发现最早、最为完整的织机构件出土

图 3-7 织机玉饰件，新石器时代，杭州良渚遗址出土，良渚博物院藏

于杭州余杭反山的 M23 号墓中（图 3-7）。该墓属于距今约 4600 年的良渚文化时期，于 1986 年发掘，该墓区有以 M12 为核心的良渚文化早期高台墓葬 9 座，良渚文化晚期再次筑高后残存墓葬 2 座。在出土的随葬品中仅玉器就有 1100 余件（组），是良渚文化遗址中已知的一处玉器数量多、品种丰富、雕琢精美的高等级墓地，堪称"王陵"，M23 号墓位于整个墓区的北排边缘，推测墓主人极有可能是良渚王后或女性贵族成员。

这组玉饰件共有 3 对 6 件，出土时相距约 35 厘米，对称分布于两边，从玉饰件的销孔可推测其间原应有木质杆棒。通过对玉饰件截面的分析，这应是织机"三轴"的端饰：其中卷轴的端饰为青玉质，每件又有两片拼合成一副，拼合处错缝相扣，外侧的中部琢成长方形小凹缺，内侧两块各有一个小圆卵眼以供插入木榫，利用两根木棍相互配合夹住织好的织物。端饰截面呈椭圆形，靠内侧较小，外侧较大。原始腰机在织造时，织工需要在卷轴两头套上一个"腰背"来把织机固定在腹前，因此卷轴玉饰件被设计成内小外大，既可以套上腰背，也可以防止滑脱；织轴端饰也是青玉质，截面基本呈长方形，但一面略弧凸，另一面平直，内侧同样钻有小圆卯眼，用于插入木榫。织造时，织工用双脚蹬起经轴，或将经轴固定在其他的构架上，经轴平直的一面朝向织工，凸的一面朝外，这样的设计使得绕在经轴上的经线呈弧状，即使张力较大，也不易断裂；开口杆端饰为黄玉质，呈扁平状，两端较薄，内侧各钻有一个较深的小圆卯眼。在没有综丝开口的情况下，扁平的开口杆可按一定的规律逐一穿过经线，将其分为两组，再立起形成开口进行投梭。由于开口杆是扁平而圆润的，还可同时用作打纬刀，与后世的"梱"基本相同（图3-8）。[1]

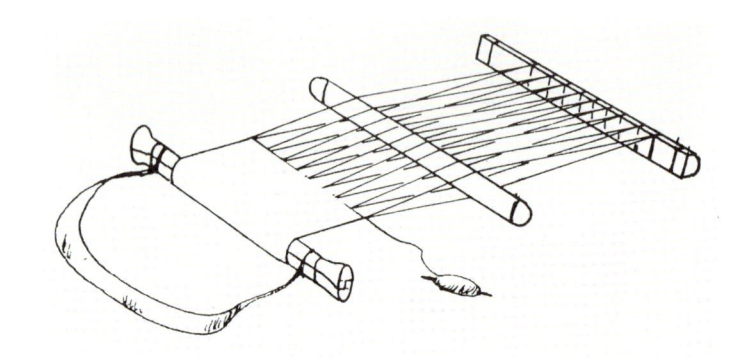

图3-8 良渚织机复原图

良渚的这种原始腰机在西汉时期的边远少数民族地区仍见使用，云南石寨山滇文化遗址出土的青铜贮贝器上饰有形态各异的青铜人像，从中就可清晰地看到良渚织机在织造时的使用情景（图3-9）。这种机型的织造生产速度虽然较慢，但在当时应该已经是一种比较先进的机型，织造丝绸是没有问题的。

此后，织机也在不断发展，人们首先发明了固定经轴和布轴的机架，改变了原始腰机操作时需要用手提开口杆的方式，将织工的双手解放出来，专门用于投梭和打纬，以提高生产力，还在机架上装上了脚踏板，这种用脚踏板来传递动力、拉动综片进行开口的织机被称为

图3-9 贮贝器上局部的织造场景

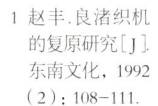

---

1 赵丰.良渚织机的复原研究[J]. 东南文化, 1992（2）: 108-111.

"踏板织机"，被李约瑟博士誉为是中国对世界纺织技术的一大贡献。从原理上来说，一块脚踏板控制织机上一片综，最简单的踏板织机较多采用双综式，即用两块踏脚板分别控制两片综，每一综各可以进行一种开口，可以织造平纹织物。还有一种多综式的踏板织机可以织造复杂精美的提花织物，用踏板来控制提花的综杆，一个图案需要多少根不同规律的纬线，就需要穿多少根不同规律的综杆，图案的复杂程度决定了使用综杆数的多少，而综杆的多少又决定了踏板的数量，这种织机也称为"多综多蹑提花机"。汉代《西京杂记》中提到汉初陈宝光妻用一百二十镊的织机织造散花绫，《三国志》里记载扶风马钧改机时也曾有过记载：旧绫机"五十综者五十蹑，六十综者六十蹑"，这里的蹑指的就是织机上的脚踏板。

由于一台织机可以安装的踏板数量有一定限制，因此综杆数量也就不能太多，织物图案的经向循环也就不会太大。到了魏晋南北朝时期，一种纬向循环的技术开始传入中原地区，这种技术是在中国织锦技术的基础上诞生的。公元3世纪前后，中原的织锦传入当时的西域地区，包括今天中国的新疆和中亚地区，当地织工对中原的技术进行了学习模仿，但将织锦方向调转了90度，同时还将图案循环方法也作了90度的改变，因此西域当地生产的织锦在纬向有着很窄的循环，但在经向上却没有固定的循环。这种纬向循环的技术又被中原织工所吸收，于是开始出现一种既可以控制经向循环又可控制纬向循环的束综提花机，我们可以从保存至今的、南宋高宗吴皇后题注的《蚕织图》中清楚看到它的形象。与多综多蹑提花机以综杆控制经线提花不同，这种织机以线制花本为基础，即将织造程序储存在线制花本上（图3-10），它的提花原理是用一根花本横线来储存一梭纬线的提花信息，花本中的直线越过横线表示要提升，反之不提升。在织造时拉花工一根接一根地拉动横线，就可以将编织在花本上的全部信息转移到织物上，形成图案。

这种线制花本传入欧洲后，逐渐发展成

图3-10 挑花绷

贾卡提花机上的纹板，用打孔的纸板和钢针来控制织机的提花，打孔的位置不同，织出的图案也就不同。再后来，有孔的纸板又启发了电报信号的传送原理，这也就是早期计算机的雏形。由此可以看到，从良渚的原始腰机开始，中国古代丝织技术对世界科技史的巨大影响。

参观小贴士

这套目前所知中国发现最早、最为完整的织机构件目前收藏在杭州市余杭区的良渚博物院，博物院位于美丽洲路1号，每周二至周日9：00—17：00开放（16：30停止入场），周一闭馆（国定节假日除外）。如果还有兴趣的话，可以前往距博物院约10分钟车程的良渚遗址公园，在反山王陵区可以看到复原的M23号墓发掘的场景，公园的开放时间是每天9：00—17：00（16：00停止入园）。

第三节 什么是耕织图？

上文提到了记录束综提花机形象的吴皇后题注的《蚕织图》，那这是怎样的一幅画呢？是谁画的？为什么一国之后要特别对它进行题注？这还要从杭州的八卦田遗址开始讲起。

八卦田位于玉皇山南麓，呈八角形，田地被分成八丘，分别种上不同的庄稼，一年四季会呈现出不同的颜色，在八卦田当中有个圆形的土墩，那是一个半阴半阳的太极图图案。传说这是南宋时特意开辟的"籍田"，宋高宗赵构还曾在这里举行隆重祭祀典礼，并亲手执犁耕作，以祈求农事丰收并劝导臣民重视农桑。

为什么赵构要这样大张旗鼓，还特地在玉皇山脚下开辟一块田地来亲自耕种呢？中国是一个传统农业大国，男耕女织的小农经济一直是社会的经济支柱，为了给天下的百姓起表率作用，皇帝和皇后在每年春天的时候都要带头干点农活。不过既然是皇家活动，自然不同于普通的农事，其有一套完整的礼仪制度，皇帝亲自耕田的典礼称为"亲耕礼"（图3-11），孟春正月，先由太史选好举行典礼的黄道吉日，到了那天，天刚刚亮，皇帝就要从大内出发去籍田，到了以后由籍田令奉进御耕器具耒耜，先由执耒者拿着，然后送给皇帝，开始三推三返之礼，接着皇帝在礼官的引导下登上观耕台，亲自观览文武大臣和庶民们耕种的情景，等耕种完毕，才起驾回宫。皇后亲自养蚕的活动则称为"亲蚕礼"，早在北齐、北周时期，京城中就建有专门的蚕室和先蚕坛，每年春天的时候，皇后都要率领贵妇们用一头牛（太牢）来祭祀"先蚕"，即蚕丝业的始祖神西陵氏嫘祖和黄帝。此后，亲蚕礼成了皇后们的必修功课，皇后们身穿

图 3-11 《圣帝明王善端录图册》中的宋太宗亲耕图，清代，台北故宫博物院藏

特制的亲蚕服装，斋戒三天之后，不仅要举行一般的祭祀仪式，还要亲手采摘桑叶。亲蚕礼和皇帝的亲耕礼一样，成为劝导臣民进行农耕织绸生产的一项重要活动，受到统治者的极大重视。

很显然，皇室的身体力行起了极佳的带头作用，"农桑垦殖"成为官员考核的一个重要标准，于是有一位关心农民疾苦的基层官员——於潜（今浙江临安）县令楼璹，他潜心研究农事，跑遍於潜县治十二乡之周边的南门畈、横山畈、方元畈、祈祥畈、对石畈、竹亭畈、敖干畈等大畈，深入田头地角，出入农家，与当地有经验技术的农夫蚕妇研讨种田、植桑、织帛等经验技术得失，被朝廷的使者评为县令关心农事的最优级，在宋高宗召对之际，他把这些长期观察所得的农事生产活动画成一套《耕织图》进献给了皇帝。这种带有耕织趣味的图画在战国青铜器上就有出现，比如四川成都百花潭出土的嵌错采桑宴乐射猎攻战纹铜壶，此后的汉画像石、画像砖乃至敦煌壁画上，也都有耕织主题的图像出现。到了北宋宝元初年，宋仁宗曾命人在宫内延春阁的两壁上"画农家养蚕织绢甚详"，可惜此图存在的时间不长，到了宋哲宗元符年间就被改成了山水画。

而使耕织图画作为一套完整的系列绘画登上历史舞台的就是楼璹的这套《耕织图》，它共有45幅，其中21幅是耕图，包括浸种、耕、耙耨、耖碌碡、布秧、淤荫、拔秧、插秧、一耘、二耘、三耘、灌溉、收刈、登场、持穗、簸扬、砻、舂碓、筛、入仓；24幅是织图，包括浴蚕、下蚕、喂蚕、一眠、二眠、三眠、分箔、采桑、大起、捉绩、上簇、炙箔、下簇、择茧、窖茧、缫丝、蚕蛾、祝谢、络丝、经、纬、织、攀花、剪帛，每幅都附一首五言律诗，内容描绘农业生产的过程，也叙述了农民劳动的辛苦，得到了"图绘以尽其状、诗歌以尽其情"的评价。楼璹当时画了正、副两卷，正本进献朝廷后得到了高宗的嘉奖，并宣示后宫，而副本则留在家中，在他去世48年后，即南宋嘉定三年（1210年），他的孙子楼洪和楼深组织将其刻石，由侄子楼钥书丹，以期流传保存。然而非常可惜的是正、副这两个版本都没有保留下来，但历代以来，《耕织图》通过摹绘、拓本、改编重绘等方式流传颇广，甚至远及海外，出现了很多内容大致相同或相近、风格延续或各异的版本，目前所见年代最早的摹本是吴皇后（图3-12）题注版的《蚕织图》。

这幅画全长近1100厘米，画心纵518厘米、横27.5厘米，跋纵460厘米、横28.7厘米，现在保存在黑龙江省博物馆，是十大镇馆之宝之一。此卷无题诗、无款、人物线描风格也不

图 3-12 宋高宗吴皇后像，宋代，台北故宫博物院藏

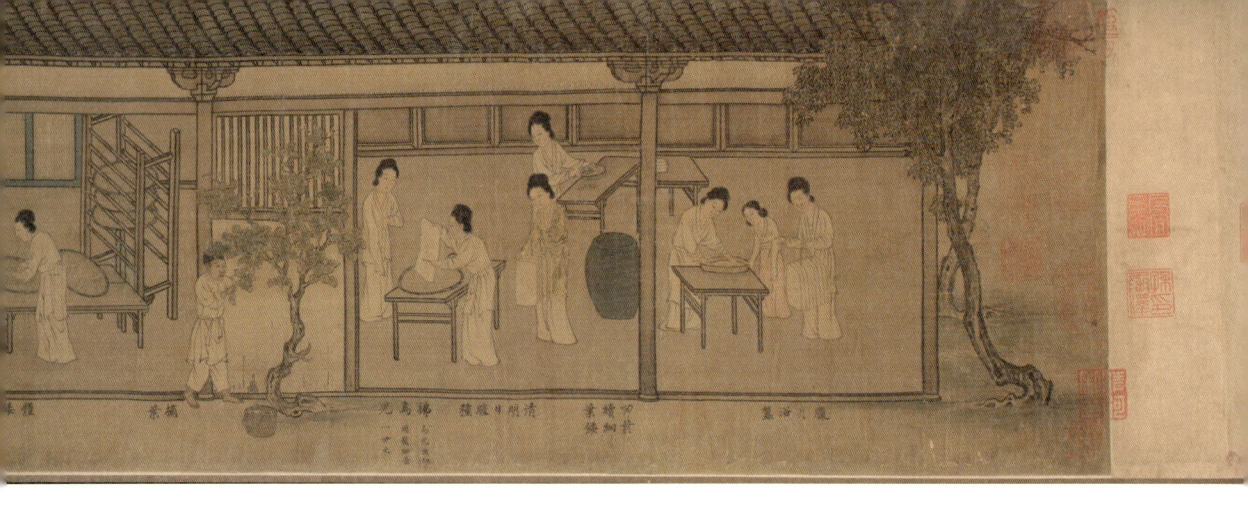

图 3-13 吴注本《蚕织图》局部，南宋，黑龙江省博物馆藏

尽相同，再据跋语所记，可以确定是当时宋高宗得到楼璹所献的《耕织图》后命翰林图画院所作的摹本。长卷共由24个场景组成，每个场景的画面之下均有楷体所注小字，为宋高宗的续配吴皇后所书，她虽然身份高贵，但亲自养蚕，为天下做表率，正是有了丰富的实际经验，才能写下如此生动翔实的注释（图3-13）。

画卷以一长廊式的长屋贯穿画卷始终，用简明的界笔画出屋瓦、斗栱、梁柱、窗牖。前半部画的是养蚕过程，从"腊月浴蚕"到"盐茧瓮藏"，注写的比较详细，在画面上难以表现的，如幼蚕至成蚕每眠所需时间、所应节气、色泽变化，如何切叶喂养，如何拾巧上山等，都配合画面，用小楷标出内容并加注解。特别是在"忙采叶"这个画面中，有一位袒露左臂的中年男子，自肩至腕刺一青色蟠龙图案，反映出当时宋代江浙一带有谢神、文身的社会习俗。后半部所画除"蚕蛾出种"和"谢神供丝"两个场景外，其余七个场景表现的是缫丝织帛的纺织过程，注解比较简单，只有标题没有具体的说明，但图画比较详细，像所绘的生缫、络垛、经靷、挽花、做纬等机具和操作技术，后世虽有所改进，其原理相近。在"挽花"这个场景中所绘的提花机（图3-14），有高起的花楼，花楼上高悬线制的花本，一名拉花小厮正用力向一侧拉动花本，花本下连衢线，衢线穿过衢盘（目板）托住，下用衢脚使其垂悬于坑。花楼之前

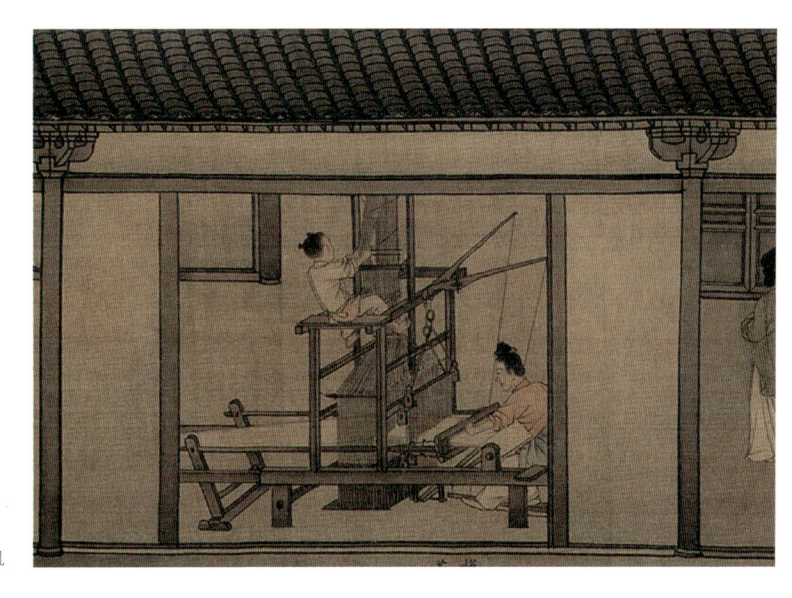

图 3-14 《蚕织图》中的小花楼织机

有两片地综，地综通过鸦儿木用踏脚板踏起，机前有一名织工正在投梭织绸。这种以使用线制花本为特征的提花机称为束综提花机，大约在初唐时就已经出现，可以织出一个门幅内左右对称、经向上下循环的织物，但是实物的图像记载直到南宋的这幅《蚕织图》中才第一次出现，比《天工开物》《农政全书》所记载提花机还要早400余年。

  这卷画在南宋之后一直是历代藏家争相收藏的画中珍品，先后收藏于元代余小谷、明代吴某家，明末清初时成为大收藏家梁清标、孙承泽的私藏，到了乾隆时进入内府，著录于《石渠宝笈·初编》，并有"石渠宝笈""乾隆御览之宝""乾隆鉴赏""嘉庆御览之宝""宣统御览之宝""宣统鉴赏""三希堂精鉴玺""御书房鉴藏宝""无逸斋精鉴玺"等鉴印。清朝覆灭后，末代皇帝溥仪被赶出紫禁城，这卷画也被他带到东北。1945年后，此画散落民间，相传一位曾任职宫中的御医在逃亡途中遇见几个兵丁正准备用两幅字画烧火取暖，他不忍古画被焚毁，就用身上仅有的五块大洋换下了这两幅画，成为传家之宝，其中一幅就是这卷南宋的《蚕织图》。1947年，《蚕织图》被冯义信购得，并于1983

年将它捐赠给了黑龙江省博物馆，成为镇馆之宝。由此，这卷曾深藏禁宫的国宝成为普通观众和学者可以观摩、研究的对象，为探索我国南宋时期社会经济、手工艺技术、风俗习尚及我国绘画的现实主义传统手法等方面，提供了丰富多彩、生动形象的珍贵史料。

历史小黑板

楼璹，字国器，鄞县（今浙江宁波）人，生于北宋元祐五年（1090年），出生官宦世家，祖父楼埸曾任台州知府，父亲楼异曾任明州知府，将明州广德湖废湖为田，垦辟湖田七万二千余亩，每年可收租谷三万六千石，被宋徽宗所赏识，加直龙图阁秘阁修撰，又升至徽猷阁待制。楼璹因为父荫入仕，最初担任婺州（今浙江金华）幕僚，绍兴三年（1133年）任於潜（今浙江临安）县令，因为深感农夫、蚕妇劳作的辛苦，绘制了一套《耕织图》进献给高宗皇帝，受到嘉奖。此后，他陆续担任过邵州通判、扬州知府，累官至朝仪大夫，晚年效仿范仲淹，在鄞县购置沃田五百亩，成立义庄帮助族人，使得楼氏家族从此有了一份"睦姻族厚风教"的族产，最终于绍兴三十二年（1162年）去世。

第四节 是谁织出了第一幅丝织像景？

丝织像景是丝织人像和风景织物的总称，也包括丝织的动物、书画等，按工艺分有黑白像景和彩色像景两种，供室内装饰和观赏之用。近代杭州生产的像景是杭州的一张金名片，特别是与西湖美景的结合，更深深吸引着国内外人士的目光和关注（图3-15）。

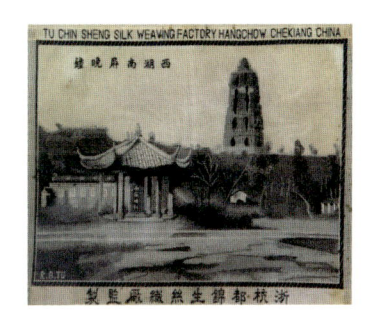

图3-15 黑白像景《西湖南屏晚钟》，中国丝绸博物馆藏

提到杭州的丝织像景，人们自然而然想起的一个名字就是"都锦生"。建设委员会调查浙江经济所统计处对杭州市丝绸业所做的调查报告中说："杭州丝织厂（单指生产丝织像景者，与其他绸厂区别），始于民国十一年（1922年）。首创者为都锦生，设厂于艮山门外。"[1]

报告中提到首创丝织像景的都锦生是杭州人，光绪二十四年（1898年）生于西子湖畔茅家埠的都氏老宅中，民国三年（1914年），少年都锦生考取了浙江甲种工业学校机织科，他勤奋好学，掌握了从设计到织造的全套丝织工艺。1918年毕业后，都锦生先是被派往纬成公司实习，随后又执教于乙种工业学校，任纹制工场管理员兼图案画老师，同时还应聘于杭州奎元巷女子职业学校任图画老师，教学实践的积累大大丰富了他的学识。

当时的社会氛围，许多专业人士都以振兴民族工业、实业救国为己任，年轻的丝织教员都锦生也不例外，他在担任教职之余，一直在潜心研究织物结构。正巧都氏老宅所处的茅家埠风光迷人，是人们经水路去灵隐寺烧香的必经

[1] 建设委员会调查浙江经济所统计处.杭州市经济调查：丝绸篇[M].杭州：建设委员会调查浙江经济所，1932.

之地,都锦生又喜欢游山玩水,拍摄自然风景,于是就萌生了"以土产而制就地风景"的想法,把杭州美丽的湖光山色织成丝绸像景,供人们欣赏留念。在经历了多次失败后,都锦生终于突破了一般织物的提花方法,利用影光组织来表现风景的层次、远近和明暗,1921年的暮春三月,一幅7英寸×5英寸(约17.8厘米×12.7厘米)的黑白丝织像景"九溪十八涧"终于在手拉机上试织成功。

首战告捷让都锦生信心大增,决定开一家自己的工厂,专门生产丝织像景。在叔岳宋锡九的支持下,都锦生集资五百元,购买了手拉机和丝绸原料,又设计完成了五幅西湖十景的意匠图和花版。一切准备就绪,1922年5月,"都锦生丝织厂"的招牌在茅家埠都家门口挂了起来(图3-16),并挂上了丝织像景的样品做广告。惟妙惟肖的丝织西湖风光顿时引起过往游人的注意,竞相购买,日后闻名全国的"T.C.S"牌都锦生丝织像景就这样打响了第一炮。为了进一步打开产品的销路,1924年,都锦生在杭州城内最热闹的旗下新市场花市

图 3-16 茅家埠都氏老宅

图 3-17 费城国际博览会金奖证书

街69号（今邮电路）开了第一家销售店，第二年又将委托上海永安公司代销的外地销售权收回，在上海北四川路811号开设了以批发为主的营业所，为立足国内市场奠定了基础。[1]

1926年，美国费城举办国际博览会，都锦生丝织厂生产的丝织像景作为中国丝绸业的代表产品参展，引起了轰动。特别是着色黑白像景《宫妃夜游图》，以明代画家唐伯虎的画作为蓝本，人物千姿百态，栩栩如生，获得了博览会金质奖章（图3-17），被誉为"东方艺术之花"，扩大了丝织像景的国际知名度。面对如此难得的机遇，都锦生决定扩大生产，在当时杭州的水陆交通枢纽——艮山门兴建了一座占地约四十亩的新厂房，增加了手拉机、轧花机等生产设备，还设有浴场、食堂、运动场等配套设施，1927年将工厂从茅家埠搬了过来。

1929年，首届西湖博览会在杭州召开，大会特设丝绸馆，分丝茧、绸缎、服饰、统计四部。当时国内的各大丝绸公所和丝绸厂商都在馆内设立了特别陈列室，都锦生丝织厂也参加了此次盛会，其把严庄西部洋房第二室设计装潢成一个客厅的形式，中间放置有台凳，四周的墙壁上悬挂各色丝织风景和五彩锦

1 建设委员会调查浙江经济所统计处. 杭州市经济调查：丝绸篇[M]. 杭州：建设委员会调查浙江经济所，1932.

绣，富丽堂皇，同时还打出"丝织风景，为最高尚之礼品；公共俱乐部所，请用丝织风景"的参赛标语，大大吸引了观众的眼球，并在会后评议中获得了特等奖。到1931年时，都锦生丝织厂已有职工86人，全年生产像景5万余尺，营业总额达到15万元[1]，在杭州、上海、北平、汉口、重庆、广州、香港等大城市都设立了营业所，产品远销到英、法、美等国及南洋地区，无论是生产规模、花色品种，还是销量，都锦生丝织厂都在此时达到了它的巅峰阶段。

不过，关于究竟是谁织出了第一幅丝织像景，还有另外一种说法。《杭州丝绸志》记载，早在1917年，即比都锦生早四年，袁震和绸庄就已织出了像景，"民国六年，袁震和又首先试制丝织风景画成功，用纯经丝织成，细致精美。次年，又在上海设震大丝厂，企图扩展缂丝业务，丝厂产丝用'平湖秋月'牌号，并织成'平湖秋月'和'雷峰塔'的西湖风景作为丝织广告"。

记载中提到的袁震和绸庄可能并不为人们所熟悉，其在近代也是杭州首屈一指的绸庄，同治十年（1871年）由绍兴人袁南安在知足亭（今建国北路潮鸣小区附近）创立，从仅有一台织机的小作坊白手起家，业务越做越大，宣统元年（1909年），在联桥大街小福清巷口开了新的店面，设立门市、生货、熟货三部，产品除供本地和上海外，还销往武汉、青岛、天津、哈尔滨等地。1913年，袁南安看到了新式丝绸工厂的前景，引入了装有贾卡装置的新式织机，创办了铁机丝织厂，又在上海南京路冠群坊、汉口张美之巷训怡里、天津海大道恒和里等处设立发行所，产品远近闻名，生意兴隆。在首届西湖博览会上，和都锦生丝织厂一样，袁震和绸庄也设立了专门的展室，展出素毛葛、印花毛葛、花襄绸、罗马缎、人丝绉等新产品（图3-18）。[2]

不过，与都锦生丝织厂将丝织像景作为主要产品不同，对于袁震和而言，丝织像景仅是织来做广告之用的，产量不多，流传至今的更是稀少。因此长久以来

---

[1] 建设委员会调查浙江经济所统计处.杭州市经济调查：丝绸篇[M].杭州：建设委员会调查浙江经济所，1932.
[2] 西湖博览会丝绸馆.西湖博览会丝绸馆特刊[M].杭州：西湖博览会丝绸馆，1929.

图3-18 袁震和绸庄在西湖博览会上的陈列室

图 3-19 袁震和生产的黑白像景《平湖秋月》，民国，西湖博物馆藏

只见记载，而少见实物，直到2005年5月，袁南安的孙女袁慰庭老人从加拿大回到杭州，将一幅家传的"平湖秋月"黑白像景无偿捐献给了西湖博物馆，人们才得见真容。这幅像景装裱在红木镜框中，织纹光洁细腻，画面中央白墙黛瓦，绿树成荫，岸上行人倒映在西湖之中，湖上有数只白鹅戏水，左上方是阮公墩，左下角从右到左绣有"杭州""袁震和製"两行红字，画面上下从左到右各织有一行英文，意为"平湖秋月——西湖最美的景色之一、中国浙江杭州袁震和绸庄生产"（图3-19）。据称1915年时，袁震和为参加巴拿马太平洋博览会精心准备了一批丝绸产品，此幅像景就是其中一幅。[1] 如果此说成立，比《杭州丝绸志》记载袁震和织出丝织像景的时间还早了两年，不过，可惜的是这件像景本身并没有年份标识，要判断它的准确时间十分困难。

---

1 金梁，葛婷婷. 九旬老人送上比都锦生还老的织锦[N]. 杭州日报，2005-5-11.

友谊小故事

1971年春，第三十一届世界乒乓球锦标赛正在日本名古屋举行，掉队的美国乒乓球运动员格伦·科恩无意中搭上了中国乒乓球代表团的班车。他一身嬉皮士装扮引起车上众人的关注，正在车上的庄则栋主动向他问好，并赠送了他一幅由都锦生生产的像景。两位运动员下车时正好被记者看到，很快，他们拿着西湖像景握手、交谈的照片就出现在《读卖新闻》等各大报纸的显著位置，这是中美隔绝二十多年以来两国运动员在公开场合的第一次友好交往，从而引起了世界轰动。美国代表团副团长哈里森被中国队的友好态度深深触动，向中国代表团提出访华要求，经过中央的讨论决策，美国乒乓球队在当年的4月10日到4月17日访问了中国，所到之处，科恩都是代表团里最受欢迎的人。这次"搭错车"成功地开启中美两国的乒乓外交大门，而一块小小的西湖像景则在其中扮演了重要角色。

第五节　世界上最大的丝绸博物馆在哪里？

　　在杭州西湖区玉皇山北莲花峰下，坐落着一座占地总面积达4万多平方米的国家一级博物馆——中国丝绸博物馆，作为我国第一座以丝绸为主题的博物馆，同时也是世界上最大的丝绸博物馆，它以中国丝绸为核心，集纺织服饰文化遗产的收藏、保护、研究、展示、传承、创新于一体。

　　中国丝绸博物馆自1992年开馆以来，历经2003年、2015—2016年两次改扩建工程，目前展陈面积约1万平方米。进入大门，绕过炎热的夏季里孩子们最爱嬉戏玩耍的旱喷广场，就来到了讲述中国丝绸五千年光辉历程的展厅——丝路馆。

　　中国是世界丝绸的发源地，以发明植桑养蚕、缫丝织绸技术闻名于世，被称为"丝国"。数千年来，中国丝绸以其独有的魅力、绚丽的色彩、浓郁的文化内涵，为中国文明谱写了灿烂篇章。借由古老的丝绸之路这条古代世界东西方之间最为重要的贸易和文化交流通道，丝绸产品及其生产技术和艺术被传播到世界各地，为东西方文明互鉴作出了卓越的贡献。因此，从一开始，丝绸之路就是中国丝绸博物馆基本陈列中一个不变的重要内容，最初在序厅左侧是丝绸之路的地图，右侧是丝绸历史年表，从时间、空间两个角度对中国丝绸进行总体描述。2003年改陈时，序厅的左侧改成了丝绸生产过程，右侧还是年表，而丝绸之路则被放在背后的通道，那幅有名的地图就被放在了丝绸之路的展览部分（图3-20）。

　　在"一带一路"的时代大背景下，中国丝绸博物馆对丝绸之路的陈列和研究更是不能缺位。2016年改陈后，位于丝路馆的基本陈列"锦程——中国丝绸

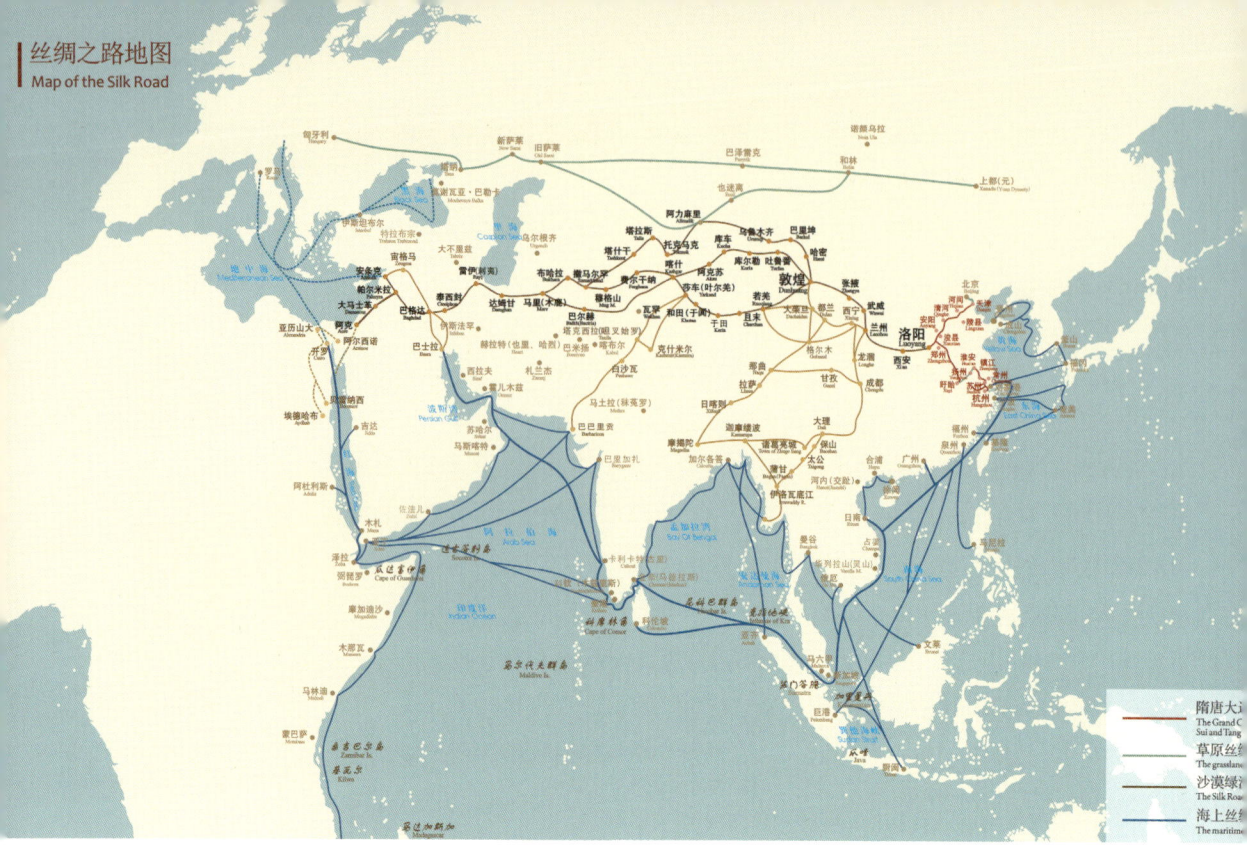

丝绸之路地图
Map of the Silk Road

图 3-20　丝绸之路地图　审图号 GS（2018）5193 号

与丝绸之路"讲述的就是5000年来的中国丝绸历史，丝绸通过丝绸之路对人类作出的贡献，以及世界各地的文化通过丝绸之路对丝绸发展产生的影响。展览共分八个单元，分居两层展厅，策展人满怀敬意地为中国丝绸打造了从史前文明到当代社会的通史陈列。

在二层展厅展出的是源起东方（史前时期）、周律汉韵（战国秦汉时期）、丝路大转折（魏晋南北朝时期）、兼容并蓄（隋唐五代时期）、南北异风（宋元辽金时期）五个单元，在这里可以看到距今4400—4200年的丝线（图3-21），还有各种新石器时代的纺织工具实物，这在科学

图 3-21　丝线，新石器时代，浙江钱山漾遗址出土，浙江省博物馆藏

上充分证明中国是蚕桑丝绸的起源地，中国先民最先创立了以桑蚕丝为特色的蚕桑丝织技艺，由此衍生出历史悠久的丝绸文化。

自秦汉以来，随着丝绸之路上东西文化交流的日益频繁，在多元化文化的冲击下，无论是在生产技术还是艺术风采上，丝绸织物都呈现出一种不同于以前的中西合璧的风格：比如在"丝路大转折"单元展出的一件北朝时期的莲座双翼树纹锦，其图案下部为由五瓣花瓣构成的莲花座，座上为柱，两侧伸出绶带，在绶带之上有一对翅膀从两侧向上伸展，翅根为人字形的羽毛纹，外生七片大羽，在两翼之中长出一枝小树（图3-22）。这种双翼纹样在波斯艺术中特别是在萨珊波斯的艺术中十分常见，双翼和树纹相结合的图案、双翼上的字符纹和双翼中的冠饰纹，在当时的建筑部件中都有实例，这里的双翼可能是鹰的象征。而且萨珊王的王冠上也大量使用了双翼纹以及星月纹（图3-23），可见当时在波斯社会中，双翼纹的地位是很高的。后来，随着丝绸之路的畅通，它开始传入中国，出现在中原地区的经锦织物上。

展厅还在中庭的弧形墙上设置了可互动的触摸屏，这个展示概念是从美国克利弗兰美术馆引进的，最大的优势莫过于可在有限的空间里展出尽可能多的藏品（图3-24）。屏幕上有许多贺卡大小的图像和视频，观众不仅可以看到展厅内的藏品，还可欣赏世界各地、不同时期的丝绸精品。点击图像可放大，并

图 3-22 莲座双翼树纹锦，北朝，中国丝绸博物馆藏

图 3-23 波斯王冠

图 3-24 互动式触屏，徐铮摄

在周围出现类似藏品，观众还可以根据自己的喜好，按不同分类来检索图片，或者给自己喜欢的文物点赞。除了藏品图片外，触摸屏中还加入了五个视频，从丝绸之路概述、陆上丝路、海上丝路、草原丝路和一带一路五方面，全方位地展示丝绸之路对世界文明发展的影响。这种全球视野的展示，能让观众更详实了解"丝绸之路"，这是锦程展览在观众认知、反馈机制等方面做出的一大尝试。

参观完二层展厅之后，便可从中庭的旋转楼梯拾级而上，这个旋转楼梯形如洁白的丝带，引导观众经过互动大屏步入三层展厅。三层展厅分为礼制煌煌（明清时期）、继往开来（近代）、时代新篇（当代）三个单元，每个单元先后分述生产区域、技术品种和纹样服饰的时代特点，最后呈现明清、近当代丝绸在17—21世纪中外贸易和文化交流中的卓越贡献。

为了更深入地呈现海上丝绸之路盛况，在三层展厅还复制了一间18世纪意大利都灵附近Govone城堡的中国房间，这是欧洲中国风热潮下的产物。欧洲的中国风热潮发端于11世纪，得到了马可·波罗、圣鄂多立克等曾旅行中国的冒险家、传教士的有力助推。经几个世纪的流变，17—18世纪时中国风达到鼎盛，日用物品、家居装饰、园林建筑等无一不被中国风所影响，中国风全面渗透到欧洲人生活的各个层面，上至王公贵胄，下至商贾乡绅，都趋之若鹜。约翰·谢布贝尔在《关于英国国民的书信集》中描写道："房间里每一把椅子、每一个玻璃镜框、每一张桌子，都必定是中式的；墙上贴着中国墙纸，图案满纸，却无一摹写天然。"复制的这间是原位于城堡二楼的"中国房间"，主墙上装饰有从遥远的中国进口而来的手绘"耕织图"壁纸，摹绘了男耕女织的生产场景，远处山峦叠翠，近处村舍小径，通过松树、假山分割各个生产画面，妇人在屋舍中进行桑织劳作，并配以花木、山石、池塘、栏杆、芭蕉、桑树、蚕具、织具等，画面清新自然，农桑人家闲适安乐、怡然自得的田园生活跃然纸上。

从三层展厅出来，搭直达电梯回到二层，穿过户外廊道，就来到蚕桑馆（图3-25）。这个馆共有三个展厅，展出的是另一基本陈列——"天蚕灵机：中国蚕桑丝织技艺非物质文化遗产"，展示联合国教科文组织人类非遗"中国蚕

图 3-25 蚕桑馆展厅

桑丝织技艺"所涵盖的蚕桑、民俗、制丝、印染、刺绣、织造等技艺的丰富内涵，彰显中国丝绸的原创性地位，运气好的话，还能看到师傅们精彩的织机操作表演，特别是硕大的大花楼织机，操作起来需要一位师傅坐在高高的织机上拉花，另一位师傅在织机前操作投梭。别看师傅们貌似不经意地把梭子在丝线间来回扔，但要想把它扔得又平又准又快，不练上几个月是做不到的，更何况还要和上面的拉花师傅配合才能织出美丽的图案。

位于馆区后部的一栋白色建筑是2016年新建的时装馆，展出另外两个基本陈列："更衣记——中国时装艺术展（1920—2010）"和"从田园到城市——四百年的西方时装"，它们是丝路展的当代延伸，时间上相承接，空间上单独展出，贯之以中外交流和丝绸发展这一内核。

"更衣记"展示的是近百年中国服装的演变过程以及当代中国最顶尖的时装艺术，因为600平方米的展厅中不能尽现一个世纪的时尚，所以多按时间线取典型以呈现。20世纪20年代起开始逐渐形成和成熟的旗袍占据了展厅近三分之一的面积，它继承了古代中国的袍服元素，吸取了西洋服装的裁剪方法，完美体现中国女性秀丽柔和的曲线和独特的韵致。新中国成立初期，服装打上了革命时代的烙印，蓝衣绿裤，成为当时中国社会形态的一个缩影。在展厅的后部是一个开放区域，展出内容为改革开放后中国服装设计快速发展的30年，这里没有多余的展览说明文字，也没有更多思辨信息的传达，只在视觉感官上给人一种愉悦的享受，只要沉下心来，就能感受到时装这种艺术以及它所承载的对于美的追求。

位于地下一层的"从田园到城市"则囊括了欧美17—20世纪各重要时期的服饰品，从17世纪华丽的巴洛克风格，对服装繁复程度与夸张的裙摆的极度追求；到工业革命之后，渐渐放松束缚的社会风气，使服装设计致力于还原、凸显女性身体的原貌；20世纪初，越来越现代的女性们渴望创造自己的服饰风格，《了不起的盖茨比》中常描写纸醉金迷的派对，那是她们大放异彩的场合。不过最精彩的还是在19世纪和20世纪展区之间的一个转角，坐在换鞋沙发上抬头就能看到的占据一面墙的鞋柜，让每个希望拥有自己梦幻鞋柜的女生在西方时装馆里的复式衣帽间里,圆了一回梦!

参观累了,可以到锦绣廊中稍事休息,品尝咖啡、阅览图书、购置文创产品。或者去园子里逛逛,这里四季景观秀美典雅,有小桥流水、桑园染草,还有江南蚕乡民居"桑庐",其原型来自海宁云龙村,其间栽种的果树来自良渚,博物馆还与云龙村合作举办各种蚕事活动,展示蚕桑非遗,让观众在馆内领略和体验蚕乡风俗。如果想自己动手体验,可以到"女红传习馆",在专业老师的带领下学习编织、印染、刺绣、缝纫等女红技艺,自己亲手制作女红工艺品,带走一份珍贵而特别的记忆。

参观小贴士

中国丝绸博物馆为免费参观,开放时间为每日9:00—17:00(周一闭馆,节假日照常),可乘坐公交12路、31路、42路、87路、133路等,在丝绸博物馆站下车。讲解预约电话:0571-87035223;手工预约电话:0571-87035428。

第四章 染绣名品

瓯绸本无花，添花在锦上。
上织并蒂莲，下织双鸳鸯。
利剪剪裁之，制就新衣裳。
衣被天下人，百花颂齐放。

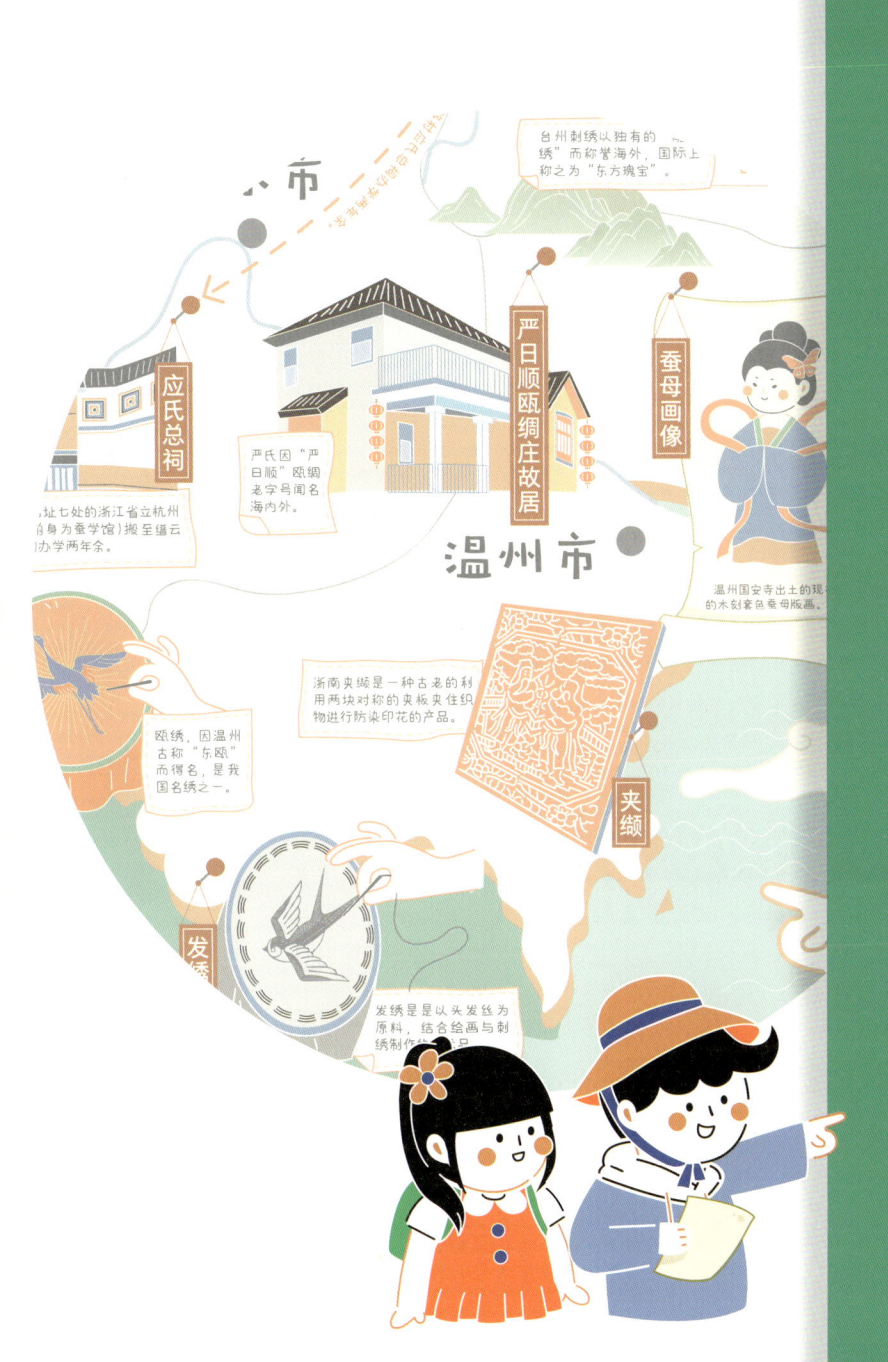

- **台州刺绣**以独有的"绣"而称誉海外，国际上称之为"东方瑰宝"。

- **应氏总祠**：（址七处的浙江省立杭州〔自身为蚕学馆〕搬至缙云）办学两余。

- **严日顺瓯绸庄故居**：严氏因"严日顺"瓯绸老字号闻名海内外。

- **蚕母画像**：温州国安寺出土的现的木刻蚕母蚕母版画。

- **瓯绣**，因温州古称"东瓯"而得名，是我国名绣之一。

- **夹缬**：浙南夹缬是一种古老的利用两块对称的夹板夹住织物进行防染印花的产品。

- **发绣**是以头发丝为原料，结合绘画与制绣制作的。

温州市

对于美的追求，促使人们想了很多方法让丝绸变得更为华丽。虽然用彩色丝线织造的织锦色彩丰富、图案精美，但是锦的织造工艺复杂，技术难度也大。事实上在织锦之前，人们就学会了利用矿物及动植物等制成各种染料对丝绸进行再加工。中国是古代印染技术最发达的国家之一，离我们十分遥远的山顶洞人就已经学会用赤铁矿染色，装饰他们的饰品。在丝织物上，中国很早就采用了凸版印花技术，广州南越王墓出土的汉代凸版青铜印花版是极好的证据，虽类似于今天儿童的盖章玩具，却是世界上发现年代最早的彩色套印织物的工具。一般来说，在染一块面料之前，总是要确保面料干净平整，在煮染的过程中，还要不断搅动，防止一些地方打绞成结，以免造成染色不均，使得面料深一块浅一块，影响整体效果。然而，我国古代劳动人民却通过总结这些染色失败的教训，使坏事变好事，创造出独特的印染技术——绞缬、蜡缬和夹缬，这就是我们通常所说的"古代三缬"。现在人们将三者称为"扎染、蜡染、夹缬"。

第一节 "活化石"——浙南夹缬

三缬之中最为重要的一种就是夹缬。20世纪50年代，在浙江省文化系统开展的一次文化艺术分布情况调查中发现，在浙江温州民间，有一种被当地人称为"温州夹板法印染"的民间工艺。1983年，温岭人吴慎因凭记忆撰写的文章《染经》，提到了一种叫"真夹板花"的夹花被料，并称它为温州平阳人祖传的工艺。到了1987年，由赵丰、胡平撰写的《浙南民间夹缬工艺》一文中将原来的"真夹板花"和"温州夹板法印染"，用"浙南夹缬"这个名称取代，并一直沿用至今。1997年，台湾《汉声》杂志社对浙南夹缬工艺进行调查并出版文集《夹缬》，第一次向外界宣布夹缬工艺依旧有活态的存在，从此浙南夹缬被喻为"活化石"而备受关注。

一、历史记载

关于夹缬的起源，现在普遍认为夹缬起源于盛唐皇宫，发明人是唐玄宗时柳婕妤的妹妹。据《唐语林》记载："玄宗柳婕妤有才学，上甚重之。婕妤妹适赵氏，性巧慧，因使工镂板为杂花，象之而为夹缬。因婕妤生日，献王皇后一匹，上见而赏之，因敕宫中依样制之。当时甚秘，后渐出，遍于天下，乃为至贱所服。"[1] 意思是唐玄宗时期，宫中有位柳婕妤，才华横溢，备受器重。她有个妹妹，冰雪聪明，嫁予赵家，她让工匠打版做成各式花样，称为夹缬。在婕妤生日时献给皇后一匹夹缬织物。皇帝看见后非常喜欢，不但重

[1]（宋）王谠撰，周勋初校证.唐语林校证：上册[M].北京：中华书局，1987：405.

赏她，还命宫中依样制作。起初这一工艺只在宫中使用，后来慢慢传遍天下。简单来说，夹缬是一种用两块雕刻对称图案的花版夹持织物，再进行防染印花的一种工艺。夹缬出现以后，其名屡见于唐代史料。如吐鲁番文书《唐天宝二年（743年）交河郡市估案》中的"夹绿绫壹尺"，这里的"夹绿绫"就是夹缬，应是目前所知最早的有明确纪年的关于"夹缬"的文字记载。此外，陕西扶风皇家寺院法门寺地宫出土的衣物账中也录有夹缬，包括唐诗中提到的"夹缬笼裙绣地衣"，可见夹缬在唐代的流行。而敦煌文书中出现的夹缬，常用于制作寺院用品，包括"夹缬团伞子""夹缬者舌""夹缬幡"等。

夹缬在新疆吐鲁番、青海都兰等地的墓葬中都有出土，现存最早的夹缬织物，出土于吐鲁番的阿斯塔纳。日本正仓院也收藏了大量的唐代夹缬。但敦煌藏经洞是目前国内发现唐代夹缬最为集中的地点。同时期距离较远的俄罗斯北高加索地区的莫谢瓦亚·巴尔卡墓地也有夹缬出土，同墓还出土了汉文纸质文书，可知当为唐代夹缬无疑。[1]在敦煌藏经洞发现的夹缬中，除了两件相同的蓝白点状夹缬绢为单色夹缬外，其余均为彩色夹缬。[2]这是夹缬中最为精彩的部分，其关键是在夹缬版上雕出不同的染色区域，使得多彩染色可以一次进行。但唐代夹缬色彩总数并不完全等同于雕版设计的色彩区域数，有时在染色时夹缬版上只雕一种纹样，单色染色，染成后再用其他颜色笔染。敦煌出土的中晚唐时期的对马夹缬绢，是一块保留有完整幅宽的长方形丝织物，幅宽52.8厘米，背面还衬有一块平纹绢。一对马身上饰有卍字纹，另一对马身上则饰有斑点。织物的底部另有一对马可见马腿，但马腿方向相对，正说明这两行马之间是制作夹缬时的折叠中轴线。著名考古学家斯坦因认为这一题材无疑是受到萨珊波斯（曾经的萨珊王朝）的影响。[3]此类动物题材，包括对马、对鹿、格力芬等，都是丝绸之路上十分流行的题材，它们在敦煌夹缬上的出现反映了当时文化交流的情况。1974年，山西应县佛宫寺土塔内发现的辽代文物中，有三件"南无释迦牟尼佛"夹缬（图4-1），是在佛像的肚子中发现的，保存得十分完好，是夹缬加彩绘的印花织物。这类作品印制的时候需要三套夹缬版套印，最后在细部用彩笔略加勾画而成，色彩分别为

---

1 赵丰.敦煌丝绸艺术全集：英藏卷[M].上海：东华大学出版社，2007：188.
2 赵丰，王乐.敦煌丝绸[M].兰州：甘肃教育出版社，2013：100.
3 同1：192.

图 4-1 "南无释迦牟尼佛"夹缬，辽代，山西应县佛宫寺土塔出土

红、黄、蓝。

前文提到，日本正仓院收藏了大量的唐代中国夹缬。正仓院，是日本奈良东大寺内用来保管寺内财宝的仓库，建于公元8世纪中期的奈良时代（图4-2）。日本正仓院收藏有9000多件各式各样的宝物，一半以上来自中国、朝鲜等国，最远来自波斯。故有一种说法，"正仓院是丝绸之路的终点"。《国家珍宝帐》中多次提到夹缬和夹缬屏风，如"鸟草夹缬屏风十叠""鹰鹤夹缬屏风一叠""山水夹缬屏风十二叠"等，有些实物还能与帐目上的名称配对。日本的夹缬是公元8世纪从中国传过去的。尽管中国是夹缬的原创地，但中国保存的夹缬藏品数量和花色品种却远不及日本丰富，[1] 如正仓院所藏的鸟石夹缬屏风、鹿草木

1 郑巨欣. 日本夹缬的源流、保存及研究考略[J]. 新美术，2015，36（4）：44-49.

图 4-2 正仓院，茅惠伟摄

图 4-3 鸟石夹缬屏风，唐代，日本正仓院藏

夹缬屏风、团花纹夹缬绢、花树双鸟纹夹缬等。其中，鸟石夹缬屏风的主要画面是一棵盛开的花树，树下的石头上站着一只山鹊，山鹊回首翘尾，非常生动，石旁的地上花草点点（图4-3）。[1] 有些夹缬织物上的鹿头上戴有花盘，当时中亚鹿的造型多半带有花盘，所以应该也是受中亚风格的影响，可见胡风跨越了整个中国，传到了日本。中日夹缬工艺之间的渊源与交流，以及由此反映出来的丝绸之路文化特色，是值得关注的。

如今，国内和国外许多博物馆里都收藏有夹缬，国内如敦煌博物院、故宫博物院、中国丝绸博物馆等。国外也有丰富的收藏，如之前提到的日本正仓院藏唐代夹缬，多是由唐代遣唐使带去的。英国的大英博物馆、维多利亚和阿尔伯特博物馆，俄罗斯的国立艾尔米塔什博物馆，法国的法国国家图书馆、吉美博物馆等收藏的中国夹缬，是在二十世纪初被西方探险队从我国广大西北地区掠去的。然而，唐代如此盛行的夹缬，到了后期却像谜一样消失了。有意思的

---

1 傅芸子. 正仓院考古记[M]. 上海：上海书画出版社，2014: 45.

是，古代夹缬在二十世纪五六十年代意外地重现于浙江温州地区。这之后还有个故事：一位普通农民无意间与上海蓝蓝中国蓝印花布社的日方创始人、一位名叫久保麻纱的日本老人的相见，神奇地将这一古老工艺拉上了复生之路。这个人就是温州苍南宜山镇八岱村的薛勋郎。1988年，正在寻求创业之路的薛勋郎，经朋友介绍，带着一些作为样品的印染布料前往上海，找到了久保麻纱女士。久保麻纱女士是个热情的中国迷，对中国的蓝印花布情有独钟，当她看到薛勋郎夹在样品中的一床"百子图"夹缬被面时，仿佛发现新大陆一样惊讶无比，当场慷慨解囊帮助薛勋郎在家乡建了一座传统的夹缬染坊。这是20世纪90年代在中国仅存的一座传统夹缬染坊，至今保存完好，薛勋郎依然在那里制作印染夹缬。[1]

考古小故事

藏经洞是目前国内发现唐代夹缬最为集中的地方。藏经洞位于敦煌莫高窟第17窟。莫高窟又名"千佛洞"，开凿于前秦二年（366年），既是敦煌历史和文化的象征，也是敦煌文物的主要收藏地。1900年6月22日，道士王圆箓雇了几个伙计在打扫莫高窟第16窟入口处堆积的流沙时，意外发现甬道北壁的壁画后面有一个密室。这个密室就是"藏经洞"，洞中除发现大量的文书外，还有不少丝织品。藏经洞被发现后，英国的探险家斯坦因、法国的伯希和等纷纷前来，用各种手段掠走了大量藏经洞的文物，其中就包括夹缬等丝织品。这些丝织品如今流散在世界各地。

二、工艺解说

夹缬有独特的美。千年以前，夹缬的美打动了唐明皇和宫中诸多美人，就是源于夹缬可以染多色且能染出繁复的大花型纹样，其绚烂之色，堪与唐三彩、金银器相媲美。到了元明两朝，由于棉织品的普及，以彩色丝织品印染技艺为表征的夹缬，也随之过渡到了以单色（蓝靛）印染为表征的蓝夹缬。蓝夹

[1] 杨思好. 温州蓝夹缬技艺[M]. 杭州：浙江摄影出版社，2016.

缬在浙南民间有许多通俗的叫法，比如夹被、双纱被、状元被、百子被、夹板花被等。

1. 雕版工艺

如此美的夹缬，其工艺的发明可能与中国印刷术的发展有关。[1]魏晋以来，佛像需求量大增，寺院里盛行使用镂花版快速复制来满足人们的需求。这种方法不仅用于纸上佛像复印，也被用来印丝织品和墙壁上的图案。[2]唐代初年，中国发明了雕版印刷术，逐渐代替了手抄、刻石等制作方法，雕版印刷技术也因此被传播到了浙南民间。温州国安寺石塔内出土的木刻套色版画《蚕母》就是最好的证据。1994年，温州博物馆的工作人员在整理国安寺石塔内出土的一批破损严重的印本、释道画时，发现了这幅木刻套色版画《蚕母》。画面左侧为蚕母立像，其头梳高髻，髻上插花，面颊丰满圆润，白皙而带红晕；柳眉清秀，双目深沉，鼻梁高挺，容光照人。右侧为装满蚕茧的箩筐，左上方长方形框内书"蚕母"二字，反映了蚕神形象和蚕茧丰收的情景（图4-4）。此画用

---

1 郑巨欣.浙江传统印染手工艺调研[J].文艺研究，2002（1）：112-119.
2 卡特.中国印刷术的发明和它的西传[M].吴泽炎，译.北京：商务印书馆，1957.

图4-4 蚕母像，北宋，温州国安寺出土，温州博物馆藏

浓墨、淡墨、朱红及石绿四种颜色印在纸上，是一幅"四色套印"版画。所谓套色印刷，是指用不同染料组合涂抹在雕版上，印出多种颜色的画面。有将几种颜色涂在一块雕版上的单版印刷，也有用多块雕版分别将不同颜色逐次印制的套版印刷。可以确定的是，这件套色版画是我国目前现存最早的彩色版画之一，也是目前发现最早的"蚕母"形象作品。当年制作这幅《蚕母》的技艺，在如今的温州还有流传，而当年流行的夹缬雕版工艺在温州也依然存在。

夹缬雕版工艺主要是将设计的纹样通过阴刻的方式刻在木板上，缬版纹样需预设出染液连贯流通的"明沟"，另外还需要设计"暗道"让染液流通至类似人物的眼睛和鼻子等封闭位置（图4-5）。雕版工艺的主要步骤是挑选木材，粘上粉本，雕刻纹样（连同粉本），拓摹粉本留底。其中木材的选择是重要的一步。浙南地区多有"八山一水一分田"之称，木材在浙南人的生活中占有重要地位。雕刻对木材有硬度的要求，既要易于雕刻各种复杂纹样，又要经久耐用，同时，还要满足后期印染工艺中长期浸泡和紧密压实的需求。丰富的木材资源使得雕版师傅能够就地取材，从中不断寻找到更加适合雕刻的木材。[1]

图4-5 夹缬雕版，王乐摄

1 周凡凡，王羿. 隽永的蓝夹缬，浙南传统之文脉[J].中国纺织,2015（12）.

旧时温州瑞安的雕版木匠都是取当地鹅尖山（又名高楼山）上生长的树木来制作雕版。此树木在当地通称为"红柴"，现在可以明确其学名为虎皮楠。不过，虎皮楠生长三四十年才能取料，所以在浙南夹版印花盛行的年代，高楼山上的虎皮楠成了稀缺树种，因此也有雕工用棠梨树、杨梅树、枫树等木料代替。但是，杨梅树、枫树的木质比较松软，雕刻虽然容易，却不经久耐用。由于雕版的木材从取料到雕刻、印染要一直保持潮湿，所以雕工往往要砍活树来用。制作时先将取材的木板刨平，浸泡在水中一段时间，然后取出木板擦干，再往上面平贴图案样纸。起刀雕刻的顺序为从外到里，从左到右，从外框到内芯。先浅刻图案，清洗纸屑后，再深刀凿雕，深刀凿雕的顺序与浅刻一样。为了保证沟渠之间相通，需要在凸纹封闭处挖孔眼，刻工称其为"留水路"。留水路以人物眼部最难，要用半圆的凿子、木钻工具小心操作。由于雕版是夹印，要求对夹的雕版图案镜像吻合，因此在刻完一块后，刻工会将已经雕成的图案拓印在另一块雕版上。如此再继续重复前面的工序。[1] 浙南夹缬的雕版工艺不同于床、家具等其他木雕，它作为整个夹缬工艺的一部分，不仅需要雕版师傅能够熟练运用各种雕刻工具，拥有精湛的雕刻技艺，还需要雕版师傅了解后期印染工艺的程序。

2. 制靛工艺

不同于唐代夹缬，有单色、多色之分，浙南夹缬所见几乎都是蓝夹缬。其所用的染料为靛蓝，这是一种天然植物染料。其实人类最早用于着色的染料是赤铁矿、朱砂等矿物质，因为石块很容易从自然界取得，不需经过复杂的处理就可使用。通常把这种利用各种矿物染料染色的方法称为"矿物染"。矿物染的最早记载出现于商周时期，战国时期的古书《尚书·禹贡》就有关于"黑土、白土、赤土、青土、黄土"的记载，说明那时的人们已对具有不同天然色彩的矿物和土壤有所认识。朱砂在古代中国使用十分广泛，也最有名。朱砂的粉末呈红色，可以经久不褪。"涂朱甲骨"指的就是把朱砂磨成红色粉末，涂嵌在甲骨文的刻痕中以示醒目。这种做法距今已有几千年的历史了。后世的皇帝们沿用此法，用朱砂的红色粉末调成红墨水书写批文，就是"朱批"一词的由来，

---

[1] 郑巨欣.浙南夹缬[M].苏州：苏州大学出版社，2009.

各朝帝王点批状元时也是用它。朱砂红润亮丽的颜色也得到了画家们的喜爱，中国书画被称为"丹青"，其中的"丹"即指朱砂。朱砂，古时称作"丹"，色深红。除了用于制作染料，中医可作药用，古代道教徒则用以化汞炼丹。《史记·货殖列传》中记载着一位名叫清的寡妇，她的祖先在四川涪陵地区挖掘丹矿，世代经营，成为当地有名巨贾的故事。由此可见，在秦汉之际，这种红色颜料应用广泛。1972年，长沙马王堆汉墓出土的大批彩绘印花丝织品中，有不少花纹就是用朱砂绘制成的，这些朱砂颗粒研磨得又细又匀，埋葬时间虽长达两千多年，但织物的色泽依然鲜艳无比。可见西汉时期炼制和使用朱砂的技术水平是相当高超的。近年在中国南方的江西靖安发现了一个大墓，属于东周时期。墓内有47具棺材，每具棺材都用一棵比较完整的巨大树干做成。墓穴的入口处有一具很大的棺材，考古学家推测棺内的男性可能就是墓主。其余四十多具棺材内埋葬的，都是非常年轻的女性，几乎每人手边都放有一套小巧的纺织工具模型。墓中出土了用色彩艳丽的朱砂染成之后再织的织锦。[1]

古人在应用矿物颜料的同时，也开始使用天然的植物染料。人们发现，植物的根、茎、叶、皮都可以用温水浸渍来提取染液。使用天然的植物染料上色的方法，称为"草染"或"草木染"。在1856年英国人威廉·亨利·帕金发明合成染料苯胺紫之前，世界上所有地区使用的主要都是植物染料。"染"字由"水""九""木"三字组成，其中"水"是指染色要在水中进行，"木"字是指染料多为草木之材，"九"是指多，也就是说，染色是以草木作染料在水中进行的。[2] 在早期的一些史书中，就有关于染色的记载。如《诗经·豳风·七月》："八月载绩（八月织布织绸忙），载玄载黄（染出丝来有黑也有黄），我朱孔阳（朱红颜色特别鲜艳），为公子裳（给那公子做衣裳）。"而《诗经·小雅·采绿》中"终朝采绿，不盈一匊……终朝采蓝，不盈一襜"则具体点明了所采植物染料是绿草和靛蓝。到了周代，植物染料在品种及数量上都达到了一定的规模，并设置了专门管理植物染料的官员负责收集染草，以供浸染衣物之用。在秦代设有"染色司"、唐宋设有"染院"、明清则设有"蓝靛所"等管理机构。东汉《说文解字》中有39种色彩名称，明代《天工开物》《天水冰山录》则记载有57

---

1 赵丰. 锦程：中国丝绸与丝绸之路[M]. 合肥：黄山书社，2016：32.
2 赵丰，徐铮. 古代丝绸染织术[M]. 北京：文物出版社，2008：72-73.

种色彩名称，到了清代的《雪宦绣谱》已出现各类色彩名称共计704种。

《唐六典》载："凡染大抵以草木而成，有以花叶、有以茎实、有以根皮，出有方土，采以时月。"说明草木染料是我国古代染色的主要材料。日常生活中最常见的植物染料应该是凤仙花，这种常见的观赏花卉，自古以来就有爱美的女子用其花及叶的汁液来染指甲，所以又被称作指甲花。每到夏天，凤仙花就盛开得分外艳丽，摘下花瓣放在容器里，捣成糊状，加上明矾搅拌过后，抹在指甲上，然后用布包裹一晚上，就能把指甲染成红色。有很多描写用凤仙花染甲的诗句，比如"俗染纤纤红指甲，金盆夜捣凤仙花""金凤花开色最鲜，染得佳人指头丹""金盆和露捣仙葩，解便纤纤玉有瑕。一点愁凝鹦鹉啄，十分春上牡丹芳"等。

我国古代使用的主要植物染料有：红色类的红花、茜草、苏枋；蓝色类的蓝草（靛蓝）；绿色类的冻绿（亦称中国绿）；黄色类的荩草、栀子、姜金和槐米；黑色类的皂斗和乌桕等，它们经由各种技术，可变化出无穷的色彩。从染色技术的角度来看，植物染料中最为特殊的是红花和靛蓝两种，前者为酸性染料（是一类结构上带有酸性基团的水溶性染料，在酸性介质中进行染色），后者是还原染料（不溶于水，在碱性溶液中进行还原处理，而使纤维染色），所以又叫酸红碱蓝，而其他大部分都属于媒染染料（利用某些媒介使染料色素固着在纤维上）。其中靛蓝就是用于浙南夹缬的重要染料。浙南地区的靛蓝提取自马蓝。马蓝是多年生草本植物，在国内分布广泛，中部、南部、西南部均有栽培利用。除了少量用于传统染色，马蓝根，也就是板蓝根，是一种清热解毒、凉血消肿的良药。浙南地区四季分明，阳光充足，光照较多，且降水频繁，陆地内河众多，具有丰富的水资源，形成了湿润温暖的环境，非常适合马蓝的种植。适宜的自然环境为靛蓝制作提供了丰富的原料。制靛工艺主要分收割马蓝叶、浸泡马蓝叶、加蛎灰、打靛蓝、除去靛花、储靛与取靛几个步骤。首先将收割来的马蓝枝叶倒入发酵池，加水至淹没枝叶。待三四天后，色素逐渐溶解于水中，再打捞起枝叶残渣，随后，用吸水泵将剩下的溶有色素的水吸入到靛池，加入一定比例的蛎灰进行打靛。其他地区民间制作靛蓝的过程中一般使用的碱性材料是石灰，而浙南地区则使用蛎灰，蛎灰是利用牡蛎壳作为原材料煅烧而成。浙南地区使用蛎灰有两个原因，一方面，浙南临海，有着丰富的海洋生物资源，历来是盛产海产品的地方，而牡蛎是一种在近海生长的贝类，在浙南一带容易获得。清代《道光乐清县志》"货物类"中就有"蛎灰"的记载。浙南地区的制靛工艺主要就位于盛产牡蛎壳和蛎灰的乐清地区。另一方面，受到地域条件的限制，浙南地区历史上不容易制造石灰，也没有形成煅烧石灰的技术和设备。于是，浙南的先民们就选择采用蛎灰，这也是因地制宜的工艺特色。[1]

打靛是一件费时费力的活，整个过程主要是使用靛耙击打汁水。专门制作靛青的农民被称作靛农，他们会选择立冬时节生产靛蓝。能否提取优质的靛蓝同马蓝的种植环境密切相关，一定的海拔决定了靛蓝染料的成色。浸泡马蓝枝叶一般需要三到四天时间进行发酵。在这个过程中，需要时不时查看，当发现枝叶上浮时就要用靛耙压下，这样才能使汁水充分浸出。有时甚至半夜也要起来查看、搅动，是件非常辛苦的体力活。一般打靛选在早上九点之前，下午四点之后。打靛可以说是一场精彩的表演，两位师傅各拿一把靛耙，相对站在靛缸两头，将靛耙斜插入汁水中，顺势斜向上推动，此时顺时针旋转的水面泛起蓝色的泡沫，在阳光的照射下蓝色中透着紫。打靛是不能停顿的，需要推搅上千次，十足的力气活。在打靛的过程中，师傅会加入一些特殊的成分，就是菜籽油，这是当地特有的打靛秘诀。菜籽油是作为消泡剂使用，因为菜油比水轻，且表面张力小，可以让泡沫破裂，使不溶于水的靛蓝——碳酸钙分子沉淀。这样的小秘方，是古代劳动人民在不断的实践中摸索出来的，曾经和夹缬工艺一样"秘不传人"。两个小时左右，打靛过程结束，到第二天清晨才能出靛。制作好的靛泥被封存在桶中置于屋后阴凉处储存，需要时可以随时取用（图4-6）。有一个简单的方法可以辨别靛泥的好坏：取一些靛泥在手背抹开，如果颗粒细腻且闻有清香，则是好泥。

---

[1] 周凡凡，王羿隽. 永的蓝夹缬，浙南传统之文脉[J]. 中国纺织，2015（12）.

图 4-6 蓝靛泥，温州市采成蓝夹缬博物馆

语文小黑板

"青，取之于蓝而胜于蓝"是一句耳熟能详的俗语，其原意正是来自植物染色，即靛青是从蓼蓝里提炼出来的，但是颜色比蓼蓝更深。蓼蓝是一年生草本植物，叶含蓝汁，可制染料。《说文》中写道："蓝，染青草也。"明代宋应星在《天工开物·蓝淀》中有载："凡蓝五种，皆可为淀（靛）。茶蓝即菘蓝，插根活。蓼蓝、马蓝、吴蓝等皆撒子生。近又出蓼蓝小叶者，俗名莧蓝，种更佳。"可见用于制靛的蓝草其实有很多种。用蓝草染色，可以染得浅碧、蓝、青、黑等各种色彩，其中靛蓝的色牢度较好，深受大众的喜爱。

3. 印染工艺

染坊是夹缬生产的主要场所，前文提到的薛勋郎的家庭染坊，由染台、顶架、板缸、靛缸、供水区、工作区、吸干区等组成。其中染台是染坊的中心，也是最为重要的部分，由8口染缸组合而成。染缸高1.25米，口径约1米。染缸的腹部宽大，这是为了增加容量，而缸底却是尖的，这是为了将残渣集中沉淀在底部，以免与布料接触，且这样也利于清理。染缸大小要适宜，如果太大不适宜发靛，会影响靛液的浓度；过小则影响印花版的进出，不利于印染操作。[1]

　　印染工艺简单来说就是将面料与夹版组装固定后，放入装有靛青染料的染缸里进行多次印染，最后放置阳光下进行晾晒的过程。印染时坯布被夹版夹紧的部位不上色，没有夹住的部位染色，利用这一基本的显花原理产生特定的花纹效果。而且，坯布的折叠方法不同，可以变化出多种不同类型的夹缬制品。如对折坯布进行夹染，可以获得左右对称的纹样；左右对折之后再上下对折，可以获得上下左右对称的纹样。这大概是夹缬印染的乐趣所在。但因为对折线易渗染，往往会留下色痕，这也是夹缬的特征之一。夹缬工艺与夹版雕法相关密切，常见的夹版是凸版，凸版的凸起部分为花纹轮廓线，相对于凸起的凹面往往凿有孔眼。夹染时，由于两块凸版的凸起部分镜相吻合阻染，留出花纹轮廓线，染液通过凹面产生的空隙由花版背面的孔注入。夹缬通过对花版背面孔眼流入不同染料来控制色彩，染出色彩鲜艳的纹样，根据夹版大小来控制花纹大小，再通过夹版的反复利用进行批量生产。此外，夹版样式不同，也可以印染不同类型的花纹。如两块未曾雕花的几何形夹版对夹，印出的纹样与夹版的形状一样；两块相同的凹版对夹，那么凹处由于没有夹住坯布可染色，而凸处由于夹紧坯布而防染，从而形成花纹；另有在两块凹版中间或者对折坯布中间插入一块平版（浙南民间一般用薄金属片），也可印出花纹；若用两块纹样不同的凹版，则形成的纹样也是左右各自独立的。以上方式一般只用来印染单色织物，而唐代五彩夹缬则是利用凹版与镂空版相结合的方法染成的，即凹版在下，纹样对称的镂空版在上，中间夹着坯布，以凸纹分隔的凹纹处犹如小小的染池，需要注入不同颜色的染液，获得彩色图案。总的来说，印染主要步骤是装布夹版、版群加固、布组处理、吊布浸染、取布晾晒。整个过程凭借印染师傅多年的经验进行控制。20世纪，浙南地区遍布染坊，"其密度高者一村三坊，低者一镇一坊，粗略计算，应不下200家"，然如今只剩寥寥数家。[2]

1 杨思好. 温州蓝夹缬技艺[M]. 杭州：浙江摄影出版社，2016：82-87.
2 周凡凡，王羿. 隽永的蓝夹缬，浙南传统之文脉[J]. 中国纺织，2015（12）.

三、纹样寓意

浙南夹缬中最主要的产品是被面，而且是婚用被面。20世纪50年代以前，女孩长到13岁，家里的长辈就要手捧黄历，挑选"黄道吉日"，将家里织造的坯布送到染坊，染制蓝夹缬。做好的蓝夹缬精心保管，直到女孩出嫁前夕，由女伴们帮忙，在蓝夹缬的下面衬上一层青蓝大布，缝成蓝夹缬被套。被套的四角要钉上红绿小被栓，讲究的人家还要往栓里装上谷粒或草药，再用双股红绳在被面四周缝上一圈，用胭脂把被面上的人物嘴唇涂成红色，使素净的蓝夹缬在大喜的日子里显得红艳。被套四角的小小布袋后来简化为一方块布条以作标识，但祛邪讨吉的功能不变。迎亲路上，伴郎们抬着嫁妆前行时，蓝夹缬是摆在最显眼的位置的，或者挂在伴郎的肩上，走在队伍的最前列。这是告诉一路观看的人们，新娘备有蓝夹缬，礼数已到。因为据当地风俗，新婚夫妇盖了蓝夹缬，才能和睦齐寿。家织棉布耐用，一床蓝夹缬被面一般可用数十年。随着时间流逝，被面的蓝白图案依旧分明，但新婚时缝上的红双线，在洗洗刷刷中逐渐褪色。等到边角破损，蓝夹缬也变得非常柔软，可撕成碎片，作为小孩的尿布。[1]

夹缬的纹样风格随时代风格而变化，唐、五代流行莲叶朵花、宝相花、缠枝花，以及马、鹿、雁、鸟等。到了辽宋时代，流行花色改变，出现棕地云雁夹缬绢、绛红地蜂纹夹缬罗、红地圆点圭字夹缬罗、黄地菱点圭字夹缬罗等。明清夹缬仍以多色夹缬为主，但流行纹样变成了花卉蔬果、鱼戏莲、吉祥杂宝等。近代浙南夹缬又是一变，因为与婚嫁习俗有关，所以少不了印有"囍"字、百子图和鸳鸯等寓意夫妻恩爱、多子多孙的纹样，用来表达对新婚夫妻的祝福（图4-7）。制作一床完整的蓝夹缬被面，需要17块大小相同的雕版，通常每块长度为43厘米，宽度为17.5厘米，17块中首尾2块为单面雕刻，厚度约5.5厘米，其余15块为双面雕刻，厚度约2.5厘米。整床被面由16个画面组成，一般每个画面有6名儿童，一床被面总计儿童96名，统称为"百子被"。百子图为

[1] 张琴.蓝花布上的昆曲[M].北京：生活·读书·新知三联书店，2008：8-9.

图 4-7 印有百子图纹的丝质夹缬

传统吉祥图饰之一,俗称"周文王百子",是家族兴旺的象征。百子图原以众多小孩嬉戏的画面为图案,明清时期尤为流行,浙南夹缬被面的百子其实不是严格意义上的百子,而是人数不等的童子纹。

　　浙南蓝夹缬还和中国的戏曲有关。中国最早的戏曲是诞生在浙南温州一带的南戏(曲)。温州人不仅爱看戏,还把对戏曲文化的热爱发挥到蓝夹缬的图案设计上(图4-8)。图案设计者和刻工们广泛地从当时兴起和流传的南戏中吸取题材,以传统装饰画的构图方法,在蓝布上印染出一幅幅戏曲故事画面,从而使蓝夹缬在单纯的印染技艺之外,又平添了版画的艺术元素。《平阳县志·风土记》中记录:"阖村立一社庙,每春二月二日祈福于庙,曰太平愿,亦曰春愿。秋冬于庙演剧酬之。"说明温州平阳人喜欢以请戏、唱戏的形式娱神还愿,在温州至今还保留着这一习俗。到了清代晚期,仅苍南县江南片10余个乡镇就

图 4-8 戏曲瑞文图夹缬被面

有戏台180多个，可见温州人爱戏的传统由来已久。正是因为对戏曲有着特殊情感，温州人在生活必需品——蓝夹缬上印染戏曲人物的图案，也就顺理成章了。将戏文情节概括性地表现在一块蓝夹缬上，必须要经过巧妙的设计，印花版的雕刻技艺、印花版与坯布相结合的夹印技艺，以及靛青染色技艺缺一不可。考虑到印成的蓝夹缬多用于制作夹花被，因此被子形制不同，需要采取的裁剪拼合方法也就不同。诸如此类，都包含着民间艺人了不起的设计智慧。[1]有趣的是，由于浙南民间存在着夫妻分两头睡觉的习惯，所以蓝夹缬被面上单独直立纹样的朝向也分为两个方向，一半朝上，一半朝下。[2]另外，20世纪60、70年代流行的工农兵题材与传统形式的混搭纹样也出现在浙南夹缬上（图4-9）。

图 4-9 工农兵题材夹缬被面

1 郑巨欣，石塚广，等.夹染彩缬出：夹缬的中日研究[M].济南：山东画报出版社，2017：222.
2 周凡凡，王羿隽永的蓝夹缬，浙南传统之文脉[J].中国纺织，2015（12）.

总体来说，这种在温州民间得以活态保存的夹缬工艺，从工艺和图案的特征分析，与中国唐代夹缬既有一脉相承的关系，又存在着明显的区别。图案对称，用雕有图案的夹版夹住防染，这与典籍中记载的传统夹缬的特征完全符合，无疑就是传统工艺的传承。但我们所能见到的古代夹缬多为彩色缬品，而温州蓝夹缬均为蓝底白花，且最初的夹缬工艺以丝织品为原料，浙南夹缬则用当地的棉织土布。图案方面，古代多色夹缬大多以花草、瓜果、动物为题材，而温州蓝夹缬的图案却多取材于戏剧故事、民间传说、古典小说等，以人物为主要内容。在批量化生产方式上，更是前进了一大步。一次印出十六幅尺寸相同而纹样不同的图案，是过去同类印花工艺品中从来没有过的设计，是浙南蓝夹缬独一无二的创造发明。林业资源造就雕版印染工艺，海洋资源形成蛎灰制靛工艺，而地方民俗造就特有纹样。相比最初只是为宫廷御用的唐代夹缬，温州蓝夹缬完全摆脱了细腻、秀美之气，这是带有一股浓郁的乡土气息、彰显着民间艺术特征的"活化石"。[1]而"活化石"在传承创新的今天，也被加入到诸多新产品中，以更好地融入当今日常生活。如"缬韵"系列文创产品，是文化创意对"非遗"进一步再创的"匠新"成果。让传统手工艺以创新的形式回归现代生活，实现"非遗"真正意义上的传承（图4-10）。

图4-10 夹缬文创产品，茅惠伟摄

[1] 杨思好.温州蓝夹缬技艺[M].杭州:浙江摄影出版社,2016:24-25.

第二节 "甬上锦绣"
——宁波金银彩绣

据研究，刺绣很可能起源于古人的文身。所谓文身，即在身上描绘或刺画有颜色的图案或花纹。比如最早居住在宁波这块土地上的河姆渡人，他们从不理发，更不刮胡子，身上文着各种动物的图案，最多的是鸟纹，据说是源于对鸟的崇拜。河姆渡人认为，鸟是一种十分神奇的动物，能够自由自在地在天空飞翔，所以他们希望把鸟的图案文在身上以获得神奇的力量。到了春秋时期，宁波曾属越国，生活在这里的人被称为越人，这些越人就是河姆渡人的后代，勾践就是其中一个在历史上留名的越国国王。《史记·周本记·集解》中曾提到："（越人）常在水中，断其发，文其身，以象龙子，故不见伤害。"意思是越人将蛇、龙等文在身上，表示自己是蛇（龙）的子孙，祈求祖先能够保护他们，免除灾害。[1]最初人们只是将图案涂在身上，称"彰身"；之后发展为刺在身上，称"文身"，后来就画在衣服上，再发展成绣在衣服上，就成为了刺绣。到了今天，宁波最著名的刺绣叫金银彩绣，这种在丝质地上用金线或（和）银线结合各色彩线刺绣而成的手工艺品是宁波工艺美术史上最为悠久的工艺之一。[2]

一、兴衰演变

宁波历史悠久，前面提到的非常有名的河姆渡遗址就是在宁波。这个遗址中出土了用于纺织、缝纫的工具，比如陶纺轮、石纺轮、木织刀、骨针等。这些工具的发现，充分说明了远古的宁波人——河姆渡人，已具有缝补、织造的

---

[1] 梁晓艳.於越族蛇（龙）崇拜及与东南亚的关系[J].杭州文博，2004（1）：56-60，63.

[2] 陆丽君，茅惠伟.宁波金银彩绣的探源与研究[J].宁波大学学报（人文科学版），2008（3）：124-127.

能力。

1. 宁波金银彩绣之源

宁波金银彩绣究竟始于何时，我们无从得知。据说唐代高僧鉴真和尚从宁波出发东渡日本时，除了带去僧尼24人外，还一同带走了工匠、画匠、雕刻师、铸造师、刺绣师等多人。[1]也许这批刺绣师里就有擅长绣制金银彩绣的。《中华古今女杰谱》记载，宋代宁波地区有个叫朱如一的绣经能手，是钦成皇后的侄女，曾历时10年时间绣了一幅《法华经》，她的事迹被载入《女红传征略》。到了明代，宁波鄞县又出了一位叫金星月的女子，花费十多年绣五百阿罗汉图，绣成之后，她将罗汉图赠与杭州的昭庆寺，书上描述"观者如堵"，[2]可见绣佛、绣经等行为均被当时的宁波民众和皇室视为功德。此外，南宋明州画家周季常、林庭珪，在明州画《五百罗汉图》百幅，每幅高1米余，现日本大德寺藏88幅，美国藏12幅。画中佛、菩萨、罗汉、官员穿着华丽的金银彩绣服饰，佛帐等也为金银彩绣。[3]以此推断，宁波金银彩绣的历史应当十分久远，至唐宋时期宁波地区就形成了"家家织席，户户刺绣"的传统。无论是富贵人家还是寻常百姓，许多女子儿时便开始学习"女红"，也就是刺绣。"女红"对以前的女孩子来说，是非常重要的本领。当她们长大成人，到了谈婚论嫁的年纪，媒人就会把未婚女子所做的绣鞋、荷包、枕套等送往男家，男方家根据这些作品的针线手法、色彩搭配、精致程度来品评该女子的手艺甚至品格。从绣品针法是否精湛可以推断姑娘是否聪颖精巧，性格是否安静而富有耐心，从而决定这门亲事成功与否。[4]

金、银本身就是贵金属，这决定了金银彩绣是一种高端刺绣，主要为帝王官宦、达贵显族们服务。宁波金银彩绣是怎样从宫廷流入民间的呢？据说源于一个浙东村姑巧救康王的动人传说：康王赵构被金国元帅金兀术追至浙东农村，一个农家姑娘在晒场上用箩筐把康王罩了起来，骗过了金兵。康王得救后，向村姑道明了真实身份，说："你今天救了我，等明年的今天我政权稳定后，就派人把你接到皇宫去，报答你的救命之恩。"并约定以肚兜为凭，只要姑娘把肚兜挂在门口就行了。第二年康王来寻救命恩人，结果发现整个村子有

---

1 王重光.鉴真东渡与古明州[M]//鄞州区地方文献整理委员会.鄞州文史：第二辑.宁波：鄞州区地方文献整理委员会，2006：164.

2 高魁祥，申建国.中华古今女杰谱[M].北京：中国社会出版社，1991：22.

3 陈素君.鄞州传统手工艺[M].宁波：宁波出版社，2010：24-25.

4 何晓道.十里红妆女儿梦[M].北京：中华书局，2008：47-48.

姑娘的人家都挂起了肚兜，实在无法判断哪个才是真正的救命恩人，也无法实现自己的承诺，日夜难安，最后下了一道圣旨："浙东女子尽封王。"也就是说宁波的姑娘出嫁时，可以享受公主般待遇，半幅銮驾，凤冠霞帔。[1]

2. 宁波金银彩绣之盛

进入宋代以后，宁波与日本交流分外频繁，宁波地区不产金，但是可通过海上贸易购买，《宝庆四明志》记载的来自日本的"细色"（即贵重商品）中黄金居前列。它们在宁波被加工成金箔，金箔裹上棉线或丝线就成了金线。宁波老城里的"三百六十行"中"绣花""打金箔""做戏装""卖针线""卖花样"等行业赫然在目。[2] 明清时期，刺绣走向商品化，有了专门从事刺绣的绣工，绣品被用来买卖。宁波城内的大梁街、车轿街、咸塘街和碶闸街等月湖周边地区开出了多家绣庄。这些专业的金银彩绣制作工场以作坊形式承接官府和民间高档金银彩绣。还有不少出租婚嫁用品的店铺，因为宁波新娘的装束极尽奢华，但是一般人家经济条件有限，置办不了太多的婚嫁用品，出租行业就应运而生。大到描金绣凤的万工花轿、金银彩绣的嫁衣，小到精工细作的披纱，以及新房里的桌围、门帘等都有。咸塘街上出租婚嫁用品的店铺多冠以吉祥上口的店号，规模较大的有"大吉祥""同吉祥""大吉号""新彩庄"等。[3] 正因为有这些"绣坊""绣庄"的存在，宁波城内又出现了专门的线厂、箔厂和纺丝坊等，以提供充足的原料和辅料。1949年以前，宁波的咸塘街（现在的天一广场）为当时的行业街道，有刺绣店铺三四十家，被视作"绣衣一条街"。在这条街上有家"真善美"戏服店，当时宁波乃至浙江省范围内的演员都以能拥有一套在那里量身定做的戏服为荣，徐玉兰、筱丹桂、毕春芳等越剧名角都曾在此做过戏服。

1956年，宁波响应国家号召，开展手工业改革，各家手工业个体店合并为手工业社，其中就有"绣品合作社"。这些改革促使形成了强大的刺绣队伍，为宁波金银彩绣的繁盛做了最好的铺垫。1969年左右，宁波的金银彩绣迎来了最盛时期。其原因据刺绣老艺人孙翔云先生口述，有两种：其一，在某次展销会上，宁波绣品厂（前身即绣品合作社）的职工参照梁祝戏剧中祝员外（祝

---

1 何晓道.十里红妆女儿梦[M].北京：中华书局，2008：81.
2 周时奋.宁波老城[M].宁波：宁波出版社，2008：102-103.
3 话说民间，明州旧吉，旧时绣衣一条街——咸塘街[N].现代金报，2007-9-9（A13）.

英台之父）所穿戏服上的团花纹样单独做成的金银绣片，意外受到外国客商的喜爱，于是金银彩绣开始大规模外销。其二，当时宁波二轻局干部去北京参观皇陵出土文物展览时，认为出土袍服上的补子很有开发再创作的意义，于是结合宁波金银彩绣的技法，制作成金银绣片，并刻意采用如出土文物般的灰暗色系丝线，受到海外客商的追捧。因此宁波金银彩绣也曾一度被称为"仿古绣"。可见，宁波金银彩绣的繁盛和外贸出口有密切联系，这和宁波作为港口城市的特点是分不开的。

3. 宁波金银彩绣之衰

宁波市人民政府1983年第96号文件报告中曾写："宁波绣品厂十月份无外发绣花任务，十家社队协作加工点停工待料，经十几年努力形成的一支一万余人的绣花队伍面临群体威胁。"可见20世纪80年代宁波的金银彩绣与其他手工技艺一样遭遇了历史性的衰退。虽然相关机构仍然为开拓销路而努力创新，比如"向浙江省工艺品进出口联合公司提供新老货号样品，积极推销，扩大销路，省工艺品进出口联合公司向工厂及时介绍国际市场情况。"[1]但是，金银彩绣业的萎缩还是不可避免地来临了，这和整个社会的转型和变革紧密相联。一方面，随着西方生活用品不断流入，传统手工艺的市场遭受严峻挑战；另一方面，传统手工艺的技艺、风格程式化，使传统手工艺偏离了时代文化。随着产业化结构的变革和机械化生产的发展，宁波金银彩绣已由集中出口转为分散经营。电脑刺绣很大程度上代替了手工刺绣，此外金银彩绣的生产成本也大增。如此种种原因，导致整个手工金银彩绣业急剧萎缩。

4. 宁波金银彩绣之承

2005年，国家开始进行非物质文化遗产的普查工作，宁波政府对地方绣种金银彩绣也给予了很大关注。经过多方努力，2007年宁波金银彩绣入选省级非物质文化遗产名录，2011年进入国家级非物质文化遗产名录。

位于宁波市鄞州区创新128园区的金银彩绣艺术馆是宁波金银彩绣的传承基地。金银彩绣艺术馆不仅负责展出绣品，现场演示绣法，更承担着传承这一国家级非物质文化遗产项目的重任。金银彩绣艺术馆把非物质文化遗产"做活"

---

[1] 摘自浙江省工艺品进出口联合公司1984年浙艺综32号文件。

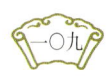

图 4-11 宁波金银彩绣《甬城元宵图》，宁波金银彩绣艺术馆藏

的代表作就是大型金银彩绣《甬城元宵图》（图4-11），由金银彩绣的传承人裘群珠、史翠珍、张世君、沙珍珠、陆亚菊等人创作，将元宵节欢庆热闹的场面绣入画面，并融入了宁波地域文化特色，历时两年才得以完成。这幅地域风情浓郁的作品中有天封塔、城隍庙等甬城古迹，有状元楼、缸鸭狗、升阳泰等百年老店，更有灯会抬阁、舞龙耍狮等传统习俗……《甬城元宵图》还在刺绣技法和表现手法上取得了突破，传统的金银彩绣作品一般仅使用五六种绣法，而《甬城元宵图》使用的绣法有20余种，包括解花绣、网绣、盘金绣、盘银绣、打籽绣等，在第二届中国浙江工艺美术精品博览会上，《甬城元宵图》一举夺得金奖。

在中国传统手工艺不断创新的今天，宁波金银彩绣也在不断探索发展之路。"糖心旦"这一高级定制品牌（图4-12），承袭了宁波金银彩绣的工艺，秉承"以东为骨，以西为韵"的理念，侧重于将中国传统手工艺往品牌方向转变，希望通过商业手段将金银彩绣大规模推广，通过产品的输出，形成一个良性的商业循

图4-12 "糖心旦"高定品牌

环。"糖心旦"目前主要着眼于年轻群体，通过与偶像、达人等合作，让更多的年轻人了解非遗技艺，更能直观感受到中国传统手工艺呈现的独特风格（图4-13）。刺绣本身就是一类深受高定服饰钟情的技法，诸多世界知名服装品牌都有大量运用手工刺绣的高级订制服装。"糖心旦"不仅将金银彩绣工艺应用到演出礼服、日常礼服等设计上，同时也在手包、首饰等配饰上下功夫，将传统与时尚结合，不局限简单地复制经典，而是对中国经典元素进行现代表达，以设计思维重新定义传统技艺（图4-14）。"糖心旦"集中体现了当代服饰时尚领域与宁波当地纺织服饰非遗继承和创新的最新尝试，显现出时尚文化自立的实践探索。

图4-13a "糖心旦"作品TFBOYS六周年演唱会开场战袍《黑金斗篷》制作过程，图片由宁波金银彩绣有限公司提供

图4-13b "糖心旦"作品TFBOYS六周年演唱会开场战袍《黑金斗篷》制作过程，图片由宁波金银彩绣有限公司提供

图4-14 "糖心旦"金银彩绣手包，图片由宁波金银彩绣有限公司提供

知识小贴士

中国纺织艺术的起源可以追溯到新石器时代晚期，它有着两个不同的源头，一是织造艺术，另一个便是刺绣艺术。"一片丝罗轻似水，洞房西室女工劳。花随玉指添春色，鸟逐金针长羽毛。"唐代罗隐的一首七言绝句《绣》生动地描述了绣娘穿针引线刺绣的美景。刺绣古代称"黹""鍼黹"，又名"鍼（针）绣"，俗称"绣花"，后因刺绣多为女子所作，故又名"女红"，是一种用丝线、绒线、棉线、金银线、发丝等，在绸缎、布帛等纺织品上绣成花纹、图像或文字的手工艺术。这种在织物上用针引线穿绕形成图案的装饰方法将刺绣与织物、编织物等区分开来。刺绣的历史从文献记载上可追溯到尧舜时期，然而这十分遥远，无法证实。但在河南安阳出土的殷商时期的青铜器上，确实出现了刺绣的痕迹。数千年来刺绣大体上是沿着这样一条线发展的：服装刺绣—起居日用品刺绣—观赏品刺绣。

二、品类缤纷

金银彩绣是一种可实用兼欣赏的艺术，也就是说金银彩绣很多时候是用在日常生活中的。其绣品种类多样，从服饰品到日用品，再延伸至欣赏品，涉及方方面面。金银彩绣工艺首先被用在婚庆用品上。新娘结婚当天要用到的东西，从嫁衣绣鞋到迎新花轿，均可应用该工艺。新娘的婚礼服以红色为基调，刺绣图案十分讲究，隐喻夫妻恩爱的吉祥图案是首选。宁波服装博物馆藏有几条绣裙，其中一条绣裙上绣的是金鱼遨游水中，夸张的五彩水波纹、纤细飘动的水草与散点的花卉有机结合，比喻和谐的夫妻关系；另一条绣裙主体图案为并蒂莲花，配以荷叶、莲蓬和白藕，寓意喜结连理、并蒂连心；还有一条红裙的裙摆是花朵图案，下缀湖蓝色排须，一片春意盎然、百花争艳的景象，象征小家庭兴旺发达、蒸蒸日上。因结婚当日时间紧凑，嫁衣有时会上下连成一体，就像现代的连衣裙（图4-15）。宁波儿歌唱道："新娘花轿八人抬，十里红

图 4-15 金银彩绣嫁衣，
宁波服装博物馆馆藏

妆嫁过来。"花轿是婚嫁场面的主角，最能体现新娘的身份和地位，坐花轿是古代传统女性最风光的时刻。花轿的选材要求坚实而又轻便，宁波的花轿有时会在木架轿身上披一件金银彩绣的轿衣，成为别致的金银彩绣花轿。朱红色的缎子上用金线、银线绣出朱金相间、金银相映的"鸾凤和鸣""麒麟送子"等吉祥图案，营造出浓烈的如意喜庆的婚礼氛围。

在中国民间，有孩子生下来第一双鞋要穿虎头鞋的习俗，明清时期起，宁波当地就有女子怀孕后娘家送催生衣的习惯，催生衣中必有一双虎头鞋。宁波当地的虎头鞋，相比北方的鞋子多了份秀气，虎的形象被设计为粗眉、大眼、短鼻、两耳竖立、长长的胡须分列左右，虎势十足，但不凶猛（图4-16）。也有将鞋头做成兔头的，温婉可爱的小兔子配上左右鞋帮处的花花草草，甚是有趣。

宁波地方戏剧丰富多彩，其中最具地域特色的有甬剧、宁海平调、姚剧等。上述三类是宁波地方戏曲的代表，虽风格各异，唱腔百调，不过却有一处相同，就是戏服上大多有精美的刺绣图案，这些刺绣不少就是应用了金银彩绣

图 4-16 虎头鞋，私人藏

的工艺。戏剧中角色众多，无论是"生"还是"旦"，"文"还是"武"，都需要辅以不同的戏服。戏衣比较常见的分类是蟒、帔、靠、褶、衣五种，"蟒"是帝王将相等身份高贵的人物所穿的礼服，通常被称作"官衣"（图4-17），有龙蟒、女蟒、老旦蟒、改良蟒等。"帔"是各级官吏及其眷属在家居场合穿的常服，包括皇帔、生帔、旦帔等。"靠"是指武将的戎服，分前后两片，上衣下裳相连，有铠甲纹样，却不紧贴身体，是一种"分离式"的服装。按材质可分硬靠、软靠、改良靠等。静时赋予人物以威武气势，动时便于夸张舞蹈动作。背部扎系"背壶"，内插三角形"靠旗"，有内外延伸的扩展感。"褶"是一种斜领长衫，主要分小生花褶、素褶、女花褶子、老旦褶子

图 4-17 金银彩绣蟒袍戏服，宁波服装博物馆藏

等。"衣"是除前面四大类外的其他所有戏服的统称，一般归纳为长衣、短衣、专用衣和配件四个部分，常见的有氅、宫衣、抱衣、僧衣、坎肩、斗篷、生衣和箭衣等。[1]

宁波的天童寺、阿育王寺等是非常热门的旅游景点。天童寺位于宁波市鄞州东吴镇天童村境内，是全国重点寺院。始建于西晋永康元年（300年），距今已有1700多年历史。传说僧人义兴云游至扬州部会郡县（今鄞州）南山之东谷，因爱其山水，遂在此结茅修持。当时东谷附近并无人烟，却有一位童子每天前来送薪送水。不久精舍建成，童子对义兴大师说："我是太白金星，因为大师笃于道行，感动玉帝，命我化为童子前来护持左右。如今大功告成，特此告辞。"言讫童子不见。由此山名太白，寺名天童。[2]一踏入天童寺的佛殿，即可见到高高垂动的佛幡，佛幡顶部制成荷叶状，下垂三至四条幡带，上绣有佛经，配上佛教之花"莲花"，均为金银彩绣。天童寺某殿有一块金银彩绣的"狮子戏球"桌围，大红地上用金线绣出两只嬉戏玩球的狮子，辅以暗八仙，桌围上部盘绣出大大的四字"天童禅寺"（图4-18）。除了上述日用的金银彩绣，还有用来做挂屏、赏玩的绣片等。原宁波绣品厂曾参考敦煌壁画中的藻井图案和官服的补子进行再创造，设计开发了一大批欣赏收藏用的绣片。此外还有一项特殊品类，就是和服腰带，曾是原宁波绣品厂的特色产品（图4-19）。别看这小小的腰带，绣娘几乎要花一年左右的时间来绣制，而且价值不菲。

图4-18 天童禅寺桌围，茅惠伟摄

图4-19 银彩绣和服腰带（局部），私人收藏

1 张世奇. 民间手工艺制作[M]. 兰州：兰州大学出版社，2009：119-120.
2 佚名. 天童、太白、镇蟒塔都有"来头"：天童寺民间传说背后的历史真实[N]. 宁波晚报，2014-11-30（A6）.

趣味小知识

宁波姑娘出嫁的时候,十分风光,号称"良田千亩,十里红妆",发送嫁妆的队伍浩浩荡荡,可绵延十里(5000米)之远,可以想象古代宁波的婚嫁是怎样的一番奢华气派。花轿是十里红妆婚嫁场面的主角,最能体现新娘的身份和地位。清末民初宁波的花轿被称作"万工轿",因制造需耗费一万多个工时,且需八个人抬,又称"八抬大轿"。现藏于浙江省博物馆的万工轿,是现存最豪华的头等轿。它采用榫卯结构连接,没有一枚钉子,由几百片可拆卸的花板组成,没有轿门,迎亲时有专门的拆轿师傅跟随在迎亲的队伍里负责拆卸,方便新娘子出入。花轿木质雕花,朱漆铺底饰以金箔贴花,远远望去金碧辉煌,犹如一座微型的宫殿。

三、绣之工具

1. 绣线与绕线板

由其名便可知,金银彩绣最重要的材料就是金银线。宁波金银彩绣最初所用的金银线都是纯金银线,明清以后,海外进口的洋金线(仿金线)开始被运用到金银绣中。现在宁波当地的金银彩绣以仿金线为多,除刺绣和服腰带所用的金银线为日本直接进口的纯金银线。此类金银线根据芯线的粗细,可分为5分、1掛、4掛和7掛等多种(长度127.26m,重量为3.75g的丝线为1掛)。[1] 除了金银线,金银彩绣中自然也少不了普通丝线,常用中性色,如灰绿、豆沙色、土黄等,既有一根丝线剖成二分之一、四分之一乃至十六分之一而用,亦有用整根丝线直接刺绣的情况。

细长的丝线如何保存才不易纠结?聪明的古人发明了微型木雕工艺品——绕线

图4-20 绕线板,现代,私人藏

[1] 资料来源于宁波金银彩绣艺人周玉屏老师的口述。

板（图4-20）。因为地域文化的差异和风土人情的不同，绕线板的风格也有所变化，宁波绕线板的特色是精雕细嵌。雕刻手法有浅雕、浮雕（宁波木匠叫清雕）、透雕、镂雕等，镶嵌工艺有多宝嵌、异种木材镶嵌、牙骨木镶嵌花板等。宁波木匠将镶嵌工艺分为高嵌与平嵌，所谓高嵌，即指欲嵌入的牙、骨、木上有浮雕且高于底板平面；所谓平嵌，即是欲嵌入的牙、骨、木上仅有阴刻甚至无刻且与底板平齐。雕后还需髹漆，有单色漆、朱金漆等，在宁波还有泥金彩漆。

趣味小知识

制作金线需要大量金箔。旧时民间形容制作金箔的技艺精湛，常说一两黄金打出的金箔能盖一亩三分地。精心捶打而成的金箔，往往轻如鸿毛，软胜丝绸，薄比蝉翼，其厚度大都不足0.001厘米。金线分为两种，片金与捻金。片金也叫平金、扁金，是将金箔切割成长度远大于宽度的一种线型薄片。捻金也称圆金，是以一根丝线为芯，在线的外面卷绕金箔而成。制作片金与捻金的工艺繁琐，加上金子本身的珍贵，使得金银彩绣越发贵重。

2. 绣绷与针剪

曾经的宁波鄞县私立甬江女子中学图书馆藏有一本1948年出版的《编结和刺绣》，该书以较浅显的语言说明了绷架和手绷："绷架系用四根木条制成，有榫头榫孔，可自由装拆，张成方形，大小亦可随意。凡刺绣物为绸缎，或绣物面积较大时，用手绷恐伤损表面，都用绷架。先在绸缎的四周，缝接上少许粗布，再用粗线张紧在绷架的四周木框上。用绷架能张得平整均匀，是其优点，惟架身较大，须置于一定的场所，不如手绷轻便。所以现在的刺绣，以用手绷的为多。手绷为竹制，用薄的竹片，制成二圆圈，一圈稍小，恰恰嵌入另一圈内，紧密套住。外圈上有装以螺旋的，使外圈能略有伸缩，则无论布质的厚薄，张上去更为便利适宜。手绷的大小，从直径四寸五分至一尺一寸五分，有多种，普通常用的，为直径五分至六寸的。装入绣布时，因为摩擦的缘故，须慎防损伤绣线和布质，所以起先张上时，宜将外圈放松些，待绣布张挺后，再行旋紧。"

绣针和剪刀是刺绣过程中非常重要的工具。不是所有的针都适合用来刺绣，也不是所有的刺绣都只用一种针。好的绣针和剪刀自有它们的标准。在一针一线刺绣的过程中，常常会用到一些小工具，虽然不起眼，却是刺绣的好帮手，顶针就是其中之一。宁波服装博物馆藏有一个半封闭顶针帽，呈圆锥形，帽内壁平滑，帽外沿壁匀称布满1毫米直径的凹点。帽顶中间有字，表明顶针帽大小规格，四周也是1毫米直径的凹字。使用时将该顶针戴在右手食指或中指，顶针安全使用面积大于常规环形顶针的二倍，无须担心皮肉之伤。助力的工具除了顶针，还有针夹。宁波当地的针夹基本是木制的，一般做成燕子造型（图4-21），头短脚长，中间是一个"铰"，主要是在纳鞋底时使用。鞋底是用碎布一层一层叠起来的，要用麻线或粗棉线一针一针地纳紧纳实。纳鞋底时针要穿过这么多层碎布很不容易，必须用顶针顶住使劲地钻，针才能穿过鞋底露出一小半，这时就用得着针夹了。针夹不用"燕子"的嘴，而是用"铰"的后面部分，张开"燕子"双翅夹住露出来的针的前端，拇指食指捏住那只"燕子"的头，手掌握住"燕子"翅膀，用力一拔才能将针拔出鞋底，再将线拉紧；如此反复进行，一双鞋底才能纳成。

图 4-21 针夹，宁波服装博物馆藏

刺绣的时候不可能只用一枚针，大大小小的针也不能随便乱放，于是宁波人就发明了锡针盒。直到今天，宁波当地也喜用锡制品，尤其是新婚的嫁妆中，总会备上成双成对的锡制酒壶、烛台，寓意吉祥。绣针放进了锡针盒，那么剪刀、顶针、针夹又该如何收拾到一处呢？这就有了乡土气息浓厚的藤条针线箩。直至二十世纪七八十年代，凡百姓人家都有一只针线箩，扁扁圆圆的，大多用藤条和竹篾编织成，用久了，便磨出一层润滑的光泽。箩筐里盛着造型别致的针线板，上面缠着线，当然还有针盒、线团、竹尺、剪刀、顶针等物件。这些刺绣工具仿佛是"一家人"，"住"在这个用藤条或竹篾做成的屋子里。

3. 压绷石与熨斗

压绷石，顾名思义是用石头的压力来绷紧刺绣布面。在宁波，常用梅园石或青石雕琢而成的小石狮子，称"压绷狮"（图4-22）。压绷狮的来源有个传说，曾经有户人家，夫妻俩相敬如宾，却膝下无儿无女。有一天，丈夫听说灵山寺的菩萨很灵，就买上贡品前去祭拜。在求佛时，方丈听闻妻子在家常做些纺纱绣花的活，就让他回家请石匠制作一对带长方形底座的石狮子，在妻子绣花时把它放于绣花绷上。说来也奇怪，没多久妻子果然有喜。人们奔走相告，都说石狮子开恩赐子。如此一来，凡是生了女婴的家庭，都会制作石狮子，有时也由父亲亲手制作。它伴着女孩学习女红，再带着"赐子"的寓意，跟着她嫁入夫家，又陪着她在灯下密缝游子衣。其实，压绷石的题材并不限于狮子，常见的还有美人小憩、美人读书、吹箫引凤等，外形也是丰富多变，无不生动活泼、秀丽灵气。

图4-22 红漆髹金压绷石狮[1]，清代，私人收藏

刺绣的底料需要平整服帖，这就需要熨烫整理。宁波工艺美术大师杨古城老师曾在日本发现一幅南宋时期明州画师周季常、林庭珪的《五百罗汉图》，里面绘有针线罗汉，其中一人正在使用火熨斗熨烫整理。这样的熨斗在鄞州有出土。

熨斗形制大小不一，敞口浅腹，装有斗柄，斗内烧炽碳。在宁波当地较常见的一种铁制熨斗，称为"夜壶熨斗"（图4-23）：手柄位于斗身正上方，长度约13厘米。斗身的结构较复杂，有顶盖、打气孔、通风孔等部件，顶盖主要为方便在斗身内放炭、取炭灰而设；打气孔在斗身后部，孔长约35厘米左右，孔

---

[1] 此压绷石狮形态生动，雕工精湛。作为婚嫁红妆中的吉祥小件，浙东女子的父母总会请当地的老石匠精心雕刻一对精巧的压绷石，有钱人家还会要求漆朱贴金，与嫁出去的女子相伴终生。

外有小门，若要加旺炭火，便将小门打开，用鼓风箱对准小孔吹风，等炭火加旺，熨斗的热量充足后，将小门关闭，不让炭灰散出；通风孔主要为了方便斗内通风，源源不断的氧气可以保持炭火的燃烧。通风孔的设计比较多样，有的是在斗身四周的底边加一排数量较多的小细孔；有的位于顶部，是一个烟囱状的大孔，直径约4厘米。两种设计各有千秋，小孔数量多，排列均匀，熨斗底部炭火受热也较均匀；较大的孔则输送氧气量较大，而且也不会有炭灰从孔中散出。

图4-23 "夜壶"熨斗，宁波服装博物馆藏

四、绣之技法

刺绣的基本要素是绣地（就是底布）、绣线和绣针，技法对于刺绣的重要性不言而喻。刺绣的种类繁多，技法的变化也相当丰富，古代刺绣的针法和绣法，本来并无名目，大多是在传播过程中约定俗成或经后人整理才有了现今通行的名目。因各地绣工和绣纺的习惯不同，所以刺绣针法的称呼和分类也有所差别。

1. 钉金绣

根据考古发现，陕西扶风法门寺的唐代地宫出土了最早的钉金绣实物，有钉金绣半臂、袈裟、武则天所穿绣裙等。法门寺是皇家寺院，故地宫供奉之物也多来自皇家，可见钉金绣是非常贵重的绣品，一度只有皇亲贵族才能使用。

金银线较多时通常采用钉金绣，钉金绣是先将金银线盘绕成花纹，再用绣线固定在底料织物上，既减少了对底料的损伤，同时也使花纹最大可能地展示在人们眼前，达到华丽炫目的效果，因此特别适宜使用在贵重材料制成的衣物上。若使用一般丝线代替金线，则称钉线绣，属于钉物绣这一大类，其针法比较简单，只是上下穿绕而已，它的主要变化来自所钉之物的质料和钉物之线的色彩。钉金绣、钉线绣和钉物绣的关系如下图所示（图4-24）。

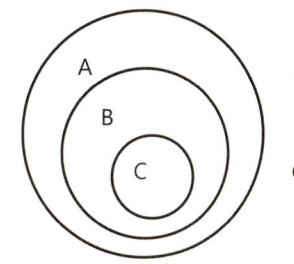

（1）压金彩绣

钉金绣根据所用金线的多寡可以细分为压金彩绣和垫金绣两种。从绣品的背面也可以发现二者的区别，垫金绣背面的钉线比压金彩绣的钉线多。所谓压金彩绣是用一或两根金（银）线为一组，绣纹样的外轮廓，再用彩色丝线平绣纹样内部的技法（图4-25）。压金彩绣是用金线或银线绣制纹样轮廓，在宁波当地也称包金绣，是宁波金银彩绣绣品的常用技法，刺绣时，绣线有双金、单金之别，一般两根为一组，多使用捻金线。

（2）垫金绣

垫金绣是用金线或银线绣制整个纹样，即以盘金块面为主呈现图案，也可称作平金绣，但宁波当地习惯叫垫金绣。刺绣时，先将金线绕在金线柱上，露出两头，使两线合并，同时回旋。再用丝线短针横扎于金线上扣紧，然后将金线线头从原针眼拉下去，将线头藏在反面。线头系好后，按照纹样轮廓自边缘绣起，从外向内回旋绣制，每隔2至3毫米钉上一针。行与行之间，钉线针迹要相互间隔，直到金线一圈一圈铺满整个纹样，形成灿烂辉煌的效果。垫金绣多以捻金线为主，偶也见片金者，一般以捻金线绣轮廓，片金填满纹样内部。片金比捻金更加均匀齐整，能增强显金效果，使刺绣更加富丽辉煌（图4-26）。

无论是压金彩绣还是垫金绣，将金线或银线平铺在绣面上后，都需要利用丝线进行固定。用于固定的丝线，依所需效果，亦可分出阴阳、明暗及微晕之色。

A: 钉物绣
B: 钉线绣
C: 钉金绣

图4-24 钉金绣、钉线绣、钉物绣三者关系图

图4-25 压金彩绣

图4-26 垫金绣

（3）衍生技法

技法变化无穷，金银彩绣最大的特色自然是应用了金银线，我们将使用了钉金绣的绣法，但又不同于压金彩绣、垫金绣的技法，算作衍生技法。

第一个是网绣。网绣本身是一种古老的技法，它的特点在于用直线条绣出以三角形、方形、菱形、六角形等为基本单位的四方连续图案，形成网状的组织形式，故称网绣。明代刺绣艺术品中常用此技法绣人物的衣服，有人称为"衣褶"。[1] 宁波金银彩绣中的网绣，纹样的外围还是压金彩绣的技法，但纹样的主体部分用单根金线拉成不同形状的几何图案，再用其他丝线固定和美化（图4-27）。

第二个是透绣。顾名思义，这是一种有"透视"效果的绣法。那如何达到这样的效果呢？就是在纹样内部间隔排列绣线，形成空隙，远观如薄纱一般。纹样轮廓仍然采用压金彩绣的技法（图4-28）。

图 4-27 网绣

图 4-28 透绣

1 钱小萍. 丝绸织染[M]. 郑州：大象出版社，2005: 244.

图 4-29 胖绣局部

第三个是胖绣。棉花是宁波金银彩绣的特色材料，主要用于垫高绣品中人物的面部，尤以老寿星的脸部、额头为典型，还有龙的双眼、花瓣（图4-29）等。虽然广东潮绣亦有棉花的运用，但相比潮绣大范围浮雕式的垫高，宁波金银彩绣的棉花运用仅仅是局部的、画龙点睛式的。这种处理方法使图案有了起伏和不同角度的色彩光泽变化，大大丰富了宁波金银彩绣的表现力和装饰意味。而胖绣纹样的轮廓往往采用压金彩绣。

2. 彩盘金绣

钉金绣是以金银线绣制纹样，彩盘金绣则反其道而行之。先以大量金线排底，形成精致高雅的底色，再用彩色丝线在金线形成的块面上绣出纹样（图4-30）。这是宁波金银彩绣的创新绣法。这种技法为创作富有现代气息的作品开辟了道路，在一瓣花、一片叶上分出明暗和深浅，色调上有主次、浓淡的区别，达到富有层次、繁荣茂盛的效果，使花朵在绿叶和闪烁的金地上越发逼真和娇娆，提升了金银彩绣的生机感和高档感。

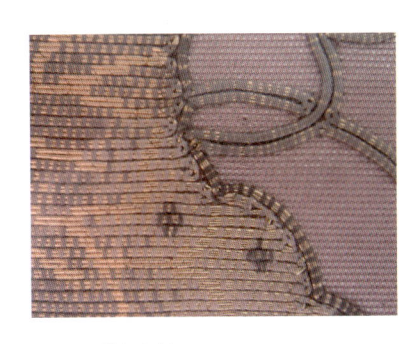

图 4-30 彩盘金绣

3. 外国绷

"外国绷"是宁波当地的称呼，19世纪末由国外传入，之所以在宁波流传，得益于宁波的港口优势。其实它是一种"抽纱"与刺绣结合而成的工艺。其特点是根

图 4-31 外国绷

据图案设计要求，先抽去底料上一定的经纬纱线，按花纹需要修剪出孔洞，再以针线连缀，形成多种图案的组合，使绣面上既有洒脱大方的实地花，又有玲珑美观的镂空花，虚实相衬，高雅精致，也称"抽拉雕"（图4-31）。这种绣法属于"减地绣"，即局部减少地织物的一种绣法。这种绣品深受西方消费者的喜爱，一度也是出口热销产品。"外国绷"这种技法在绣衣上也常见使用，曾是原宁波绣品厂的主打外销产品之一。

4. 纳纱绣

纳纱绣也叫纳绣、戳纱或穿纱。这是一种传统绣法，底料一般都用纱罗织物，由于纳纱是根据底料的空格编绣的，因此需要准确数好格眼。图4-32的这幅纳纱绣，部分纹样以片金线绣成，不依靠其他丝线固定，完全凭借底料的格眼，上下穿梭来形成图案。观察宁波金银彩绣的绣线方向，可以发现在以纱罗织物为底料的绣品中，同一水平线上的绣线在刺绣过程中总是朝一个方向（图4-33，第一排绣线由左上至右下），而其上下相邻的绣线必朝另一个方向（图4-33，第二排绣线由右上至左下），这与上海等地以交叉形式刺绣的针法不同。据说宁波金银彩绣该针法的优点在于避免丝线拉力单边倒的趋势，使整体趋于平衡。

图 4-32 纳纱绣

图 4-33 绣线方向

5. 叠彩绣与乱针绣

虽说金银线在金银彩绣中是主导，但是一幅绣品中往往还需要其他彩色丝线来点缀。彩色丝线可以应用的针法极多，叠彩绣与乱针绣是宁波金银彩绣中的特色针法。在风景纹样的绣制上，宁波金银彩绣运用了"针上晕色"的技艺，即将一股丝线剖成二分之一、四分之一乃至十六分之一，再与其他剖好的几种色线穿入一根针上进行刺绣，从而使刺绣色彩变化富有层次感，在局部细观下更能体味其针法独有的韵味，这种技法就称为叠彩绣。

在名作"百鸟朝凤"中，凤凰的羽毛除了采用钉金绣，更是加入了乱针绣这一技法（图4-34）。乱针绣针法活泼、色彩丰富、立体感强，对运针、色彩和线条都有很高的要求。乱针绣的特点是针针交叉，但又不宜出现垂直交叉，以免线条呆板，影响绣面效果。因此线条的运用是这一技法的关键，绣制时丝线可粗可细，线条可长可短。即使是同一色级、同样粗细的丝线，不同的交叉角度也会产生不同的绣面效果。

图 4-34 乱针绣

五、绣之过程

俗话说"心随境转"，做任何工作，环境对人的心境变化都会起到很大的影响，正如人们看书、写字的时候也希望坐在一个窗明几净的房间里。同样，对绣工来说，刺绣的房间一定要洒水扫灰，打扫得非常干净，床、几案以及所有使用的物品都要一尘不染，这样绣出的作品才能如出水芙蓉般鲜明艳丽。刺绣需要明亮的光线，只有看得清楚，针脚才不会乱，颜色也不会错。用手绷刺绣时，应该背向太阳，因为一手持绷，一手引线，绣绷不可能保持水平，必会前端朝上稍稍倾斜，这样绣面就会出现明暗差异。而用中绷或大绷刺绣时，可以背光，也可以斜坐，都能保证阳光均匀布满绣面。

1. 绣花先写花

绣花首先需要花样。古时有专职勾稿师傅，手工描绘，世代相传，如宁波六世从事刺绣绘图业的许氏家族，画稿之事专门由男性负责。但也有些画稿是聪明的女子初创的，独特而有新意。

无论哪种花样，传播主要依靠复制，闺中小女六七岁弄针习绣，就须同时掌握原始的拓花样方法。拓的方法有不少，可以先将花样垫在平整物上，再覆上一层纸，然后用有颜色的蜡烛油在纸上磨拓，纸面就会浮现花样的拓痕。以前点不起蜡烛的贫穷人家，还有一种更简单的烟熏法，就是将花样用针别在纸上，再移到油灯上用烟熏，烟没熏到的地方就成了花样。20世纪宁波慈溪有一种称作"三北纸板花"的民间剪纸，它就是为了刺绣而做的底样。当时里弄街巷还能经常听到兜售绣花图样的叫卖声："花样要勿（花样要吗），花样要勿……"妇人们多会把卖花样的叫住，围着挑选自己喜爱的花样，平时互相间也会将花样交流借用。当然现在也可以用复写纸，将复写纸放在绣地上，将勾稿放在复写纸之上，用铅笔在勾稿上勾勒。有了合适的花样，接下来就要转印到绣花底料上，即画样。先将花样纸与绣花布套准，覆在绣底上平放，接着调匀色粉，来回刷花样，最后揭去花样纸。

刺绣的花样，并不贵乎繁复，也不一定按照客观事物的原貌进行描绘，有时候需要用到夸张变形的装饰手法，对其主要的和有意义的部分进行夸张变形，使其特征更加突出，以加强装饰纹样的艺术效果。刺绣图案，在注重装饰之余，更须注意适于刺绣的物品。制作图案时，首先要注意到用途，哪一部分宜配置图案，哪一部分宜省略，设计出实用的图案。而绣布的面积和图案的大小，亦须注意配合，图案过大或过小，均非所宜。刺绣图案是一门艺术，每种图案的设计和制作，均包含着人们的美好愿望，带有一定的思想性。民间的绣品，透着"俗拙"的美妙。新娘嫁衣的刺绣图案更是十分讲究，隐喻夫妻恩爱的吉祥图案是首选，并蒂莲花、龙凤双飞、鸳鸯戏水等，都寓意夫妻喜结连理，永结同心。正如江南民歌唱道："一更绣好衣前襟，牡丹富贵开胸膛；二更绣好衣四角，彩云朵朵飘四方；三更绣好罗衫边，喜鹊登梅送吉祥；四更绣完并蒂莲，夫妻恩爱喜洋洋；五更绣完龙戏凤，比翼双飞是鸳鸯。"

2.上绷再压绷

画样后需上绷。上绷就是将刺绣底料固定在绷架上。宁波金银彩绣的底料多选用真丝或人造丝交织的绸缎，颜色上偏向于选择黑色、深红、铁锈红、咖啡、深蓝、墨绿等深色系，因为上述色彩能够较理想地衬托金银线；但也有特殊情况，如"老寿星"或"麻姑献寿"等题材，会选择比较热烈的红色底料，这单纯是为了满足欣赏性以及突出主题的喜庆性。

简单地说，上绷可分四步：

第一步，将绷布分别与绣地两边缝合，形成一块整料，缝的时候要把绣地拉紧，针迹要直，以免绣地起皱。

第二步，绣绷的两根绷轴上各自开有一道嵌槽，把绷布分别嵌入其中，用嵌条嵌紧，接着转动绷轴，将绣地绷在两轴之间。

第三步，把绷闩的两头分别插入绷轴两端的长方形闩眼里，将绷钉插入闩上的小洞中以固定位置。

第四步，在绣地两边用棉线来回交叉缝制，用绷线穿过缝线的交叉点，缠到绷闩上，再依次逐条拉紧，使绷面纬向平服。以前也有用普通细竹子绷在绣地左右两边，使绣地更加绷挺，现在已不太常用。

为什么上绷是将布料左右两侧用线固定在绣架上，上下两侧则是滚在绣架上，而不是将四周都用线固定住呢？因为布料是软的，上下左右受力不均匀会导致变形，所以只用线固定左右两侧，上下则靠滚动绣架来进行调节。上绷的目的就是要固定绣地，使其"极正极平"，保证绣品"熨帖"，这是刺绣工序中至关重要的一个步骤。固定布料是一个相当费时间的活，而且没有经验的人是做不好的。绷完以后，用手指轻弹布面，听声音来判别松紧程度，可检查是否绷好。为使绣布绷得足够紧，就需要压重物在上面，于是前面提到的"压绷石"就派上用场了。

3. 红黄朱紫配

古时画稿以线描为主，没有丰富的色彩搭配，配色需要绣娘自己搭配。正所谓"绷子好做色难配"，说明色彩配置对刺绣非常重要。从事染色工作的人曾说："颜色会随着不同的染色者而改变，也会因为天气的干燥、潮湿而发生变化。"世上的颜色太多，但对于刺绣者来说，不可能色色具备，所以选配是必要的。配线就是根据花样上的色彩，选配各种颜色的绣线。《周礼·考工》云："青与赤谓之文，赤与白谓之章，白与黑谓之黼，黑与青谓之黻，五采备谓之绣，杂四时五色之位以章之，谓之巧。"所指的就是五色之配合、五色之工艺，体现了中国上古时代的色彩思想。刺绣和色彩的关系非常密切，刺绣的优劣，可以说视色彩配合的适宜与否而定。即便选择一个好的图案，刺绣针法娴熟，但若色彩配合不当，就不可能成为一幅好的绣品。配色的重要性，是刺绣者不能不加以重视的。

色彩的应用是一门学问，好的设计作品往往会结合纹样的布局，巧妙地将色彩分布到画面的各处。色彩的应用又与主创者的个人素养和审美情趣息息相关。但刺绣的特殊性在于，很多实用性绣品的配色完全是按个人喜好和审美而定，绣女们可不为程式所囿。总的来说，刺绣的色彩不宜过多，否则不利于色彩的调和。刺绣大家沈寿曾建议初学者大约选七种颜色就足以运用；二色的配合，宜用一种明色，一种暗色；三色的配合，宜用两种暖色，一种寒色。但对要求较高的绣品来说，要渐渐增加颜色，尤其是欣赏性绣品，追求逼真自然、惟妙惟肖的效果，时时换色是必须的。以刺绣中最常见的花卉纹样为例，可通过颜色从浅到深、从深到浅的渐变过渡来表现花、叶的新老、远近以及光线的明暗。若能达到明朝文震亨所著《长物志》中提到的"宋绣设色精妙，山水分远近之趣，楼阁得深邃之法，人物具瞻眺生动之情，花鸟极绰约嚱唼之态"之境界，刺绣的配色技术已是炉火纯青。

所谓"色有定也，色之用无定"，宁波金银彩绣在配色方面有自己的讲究。一般用于婚嫁的金银彩绣喜欢选用大红的底料，在绣线的选择上，除了金银线，也多采用欢快、喜庆的暖色调绣线，大面积使用大红、橘黄等鲜亮色彩，与相应对比色如绿色、紫色进行搭配，形成高纯度、强对比的效果。民间婚嫁尤喜红色，以红色为贵，宁波女子出嫁也以红色绣裙作为嫁妆裙，腰头往往选用白色布料，宽度约有10厘米，有的甚至宽近20厘米，寄托着"白头偕老"的吉祥寓意。哪个女子在穿上结婚礼裙的那一刻不希望与夫君白头到老呢？充满喜气的大红喜裙，尽管只在婚礼上使用一次，也将成为一生永久珍藏的宝物。无论是甜蜜幸福的新娘还是儿孙绕膝的老太，每每打开箱盖，看到自己的大红喜裙，幸福之感总会油然而生。

4. 针针巧入神

将选配好的色线分别安放，对绣稿作详细分解、熟记于心之后，一切准备工作完毕，就可以正式刺绣了。一般来说，在进行绣制时首先绣彩色丝线部分，再根据设计要求绣金、银线部分。一个娴熟的绣娘平均每分钟能够绣大约40针，那是绝对的飞针走线。一幅长4.28米、宽1.58米的绣品，大概需要2700万针，4位绣娘绣整整一年才可以完工。金银彩绣传承人史翠珍说道："刺绣讲究的是耐心和静心，初学者要先打空针，接着学斜针，再学直针，最后学罩花，学习基本功就要3年时间，要成为一个成熟的金银彩绣技师起码要10年时间。一粒米绣三针，刺绣工艺细致之处可见一斑。"刺绣的巧妙之处在于很多细节可能需要绣者在刺绣的过程中，运用自己对美的感受，进行修改和添加。如何准确地抓住对象在各种静态或动态活动中最具特征、最生动、最优美的瞬间，采用多种绣法，进行精彩的集中表现，光靠熟记步骤和针法是不够的。

画样、上绷和刺绣的过程如图所示（采用的是先画样后上绷的顺序）。

（1）将套位纸（花样纸）与绣花布套准。（2）调匀色粉。

（3）刷花样。

（4）揭去套位纸。

（5）粘绷头布。

（6）连接绷布与绣花布。

（7）撑紧花绷。

（8）串绷头。

（9）拉紧绷头线，保持绣花布平整。（10）上绷完成。

（11）放上金线柱。　　　　　　　（12）从花样外沿开始盘金线，直至刺绣完成。

照片由张世君提供

知识小贴士

宁波古代不产金，多数是通过海上丝绸之路贸易所得。宁波港是海上丝绸之路的始发港之一，宁波城内有不少"海丝"的文化遗存：比如隐藏在江厦公园内的"来远亭"，是"海上丝绸之路"曾在明州出入舶货的历史见证。北宋时，一切外来舶货在来远亭检核办理有关手续后，才可进入市舶务的大门，运至库房贮藏。再比如宁波第二百货边上的"波斯巷"，北宋时，西亚的波斯商人经常来宁波做生意，当时的政府就专门在波斯商人聚居地设置了一个"波斯馆"，波斯巷因此得名。波斯巷附近还出土过一块墙基石，上面刻着一个阿拉伯人牵着一条波斯狗，这也是波斯人在古宁波生活过的有力证明。还有迄今为止全国唯一保存的高丽使馆遗址，位于现在的月湖东岸宝奎巷一带，是北宋时为接待高丽使节、商贾、留学生所设。

第三节 "天下一绝"
——温州发绣

宁波金银彩绣是以金线和丝线绣制而成，在温州，有一类更特殊的刺绣品种——发绣。清代小说家、戏剧家宣鼎曾在其重要小说集《夜雨秋灯录》中记有一篇《发绣佛》，描述了孝女叶氏为救含冤入狱的父亲，取自己的头发绣制佛像，两年间晨昏不眠，从而感动神佛，帮助其父亲逃脱牢狱之灾的故事。发绣这一特殊的刺绣艺术并不仅仅出现在神话小说中，它是我国历史上真实存在并延续至今的重要艺术形式。发绣，古称墨绣，是以头发代替丝线，结合绘画与刺绣技艺制作的艺术品。利用人类发丝的天然色泽制作的绣品，能经久保存，被誉为"天下一绝"。发绣作为江浙地区特有的传统工艺品种之一，最早起源于唐朝上元年间，因古人认为头发是生命精华之丝，用头发绣制佛像可以表达对佛祖的虔诚，到元明时期，发绣的题材逐渐广泛。

一、八蚕之乡

清代诗人孙扩图曾在《温州好·调寄忆江南》中写道："温州好，别是一乾坤。宜雨宜晴天较远，不寒不燠气恒温。"温州集天时地利，适宜种桑养蚕，《永嘉郡记》有"永嘉有八辈蚕"的记载，这是温州特有的高产良种蚕，当时的温州人掌握了低温育种法，使得蚕宝宝可以一年八熟，也就是一年可以吐丝出茧多达八次，温州也因此被称为"八蚕之乡"。[1] 有着"八蚕之乡"美誉的温州，古时候也被称作东瓯，源自古代温州的绣品就被叫做瓯绣。瓯绣乃瓯越文化重

---
1 胡春生. 温州刺绣[M]. 杭州: 浙江摄影出版社, 2010: 12.

要组成部分，与东阳木雕、乐清黄杨木雕、青田石雕并称浙江省"三雕一绣"，具有浓郁的地方文化特色。早在唐宋时，温州民间刺绣就遍及千家万户。温州瑞安仙岩寺慧光塔曾出土北宋景祐元年（1034年）至庆历三年（1043年）的"双面绣经袱"，以杏红色的丝绸为底料，用黄白色的绣线，绣成对飞翔的鸾凤团花图案，花纹两面一致，正面部分绣线脱落的地方还可以看到粉本（即打底的线描图）。从这件宋代的绣品，就可以窥得早期温州妇女的绣艺。[1]

早期瓯绣针法比较简单，风格古朴粗犷。明清两代温州各地大兴庙宇，瓯绣的宗教绣品增多。到了明末清初，受到鼎鼎有名的上海顾绣的影响，温州的瓯绣开始改用多种针法以及撒线（多根丝线捻和而成的线），形成了表现力强、艺术性突出的装饰效果。1840年后，瓯绣开始出口外销，到了清光绪年间，瓯绣已畅销欧美、南洋等地。清咸丰三年（1853年），温州开设专业绣铺，绣品产量逐渐增多，1916年设立刺绣局。后以庄竞秋为代表的温州画家参与瓯绣创作，使民间刺绣逐渐向装饰品和观赏品的方向发展。现可见的作品有庄竞秋的《深柳读书堂》（图4-35）等。而顾绣的传世作品中，也有别具风采的发绣作品，《弥勒佛像》镜片和《七襄楼发绣人物》轴更是被誉为稀世之宝。[2]

图4-35 庄竞秋发绣作品《深柳读书堂》，滕君娜摄

---

1 浙江省工艺品进出口公司，浙江省工艺美术工业公司. 中国·浙江工艺美术[M]. 杭州：浙江人民出版社，2000：114-115.

2 上海博物馆. 海上锦绣：顾绣珍品特集[M]. 上海：上海古籍出版社，2007：7.

在瓯绣基础上发展起来的温州发绣,同样是在瓯越文化的滋养下逐渐形成的,渗透着温州的文化精神。温州人在"事功"思想的影响下,讲求以利和义,以艰苦创业获得财富,谋求发展。温州发绣正是温州民间这种观念的生动体现,发绣的谐音寓意发财与锦绣前程。目前所知最早关于温州发绣的记载,当属《戒庵老人漫笔》中所记的元代界画家(界画是中国绘画特色门类之一,在作画时使用界尺引线)王振鹏创作的发绣《端阳竞渡图》,用接针和滚针等针法绣制,据称"如白描甚精妙"。他的学生夏明远也以发丝绣成《滕王阁》《黄鹤楼图》两幅作品,《韵石斋笔谈》评价其"细若蚊睫,侔于鬼工"。温州发绣早期技法深受传统刺绣针法和绘画技法影响,传统刺绣针法的丰富为温州发绣针法的多样性奠定了基础,据《绣品鉴藏》载,清代中期,温州发绣题材内容转向人物像且以线描为主(图4-36),如《观世音像》《达摩渡江图》等。在近代战乱的颠沛流离中,众多的艺术形式趋向没落和消失,发绣也几乎淡出人们的视线,甚至被认为消失于清中晚期。直到1950年前后,温州一个普通的手工艺者,居然承钵传统发绣工艺,吸收传统刺绣的营养,完成不同于个人题材的发绣作品《瓯江孤屿》(图4-37),由此揭开温州现代发绣工艺发展的序幕。[1] 原温州瓯绣厂美术设计师张祥春先生在其《瓯绣侧记》手稿中记录了温州发绣的发端:"1968年1月参观湖南湘绣时,看到一位美院毕业生在搞乱针人像绣,当时同行的魏敬先受到启发,回温州后即搞起了人像绣。"之后,魏敬先在瓯绣厂开始了现代人像乱针绣的研究,在发绣中运用了素描的明暗技法和传统刺绣技巧,使温州发绣产生新的艺术样式,并培养了孟永国、万升平、陈洋、魏乐文、赵建波等发绣人才。其作品《爱因斯坦》的诞生开创了温州发绣辉煌的

[1] 王薇.中国发绣概述[J].中国艺术时空.2017(4):16-23.

图4-36 清代温州发绣

图 4-37 发绣《瓯江孤屿》

起点（图4-38）。20世纪90年代初，温州市人像研究所在温州师范学院（今温州大学）成立，这是我国唯一一家专门研制现代人物肖像绣的机构，其对发绣的针法和艺术形式进行了更加广泛地探究。1998年7月，由香港知名人士邵逸夫先生捐资的邵逸夫发绣艺术楼落成，2012年更名为温州市发绣研究所，期间创新的钉针绣法使发绣的创作研究更上一层楼（图4-39）。

图 4-38 单色发绣《爱因斯坦》，魏敬先绣于1970年

图 4-39 彩色发绣《花间意》

知识小贴士

顾绣起源于明代中晚期，因形成于上海松江名士顾名世之家而得名。顾名世是明嘉靖三十八年（1559年）进士，据说其在修建自家园林时，无意中挖到一块石头，其上刻有"露香池"三字，传为书法大家赵孟頫手篆，顾名世大喜，随即将园林取名为"露香园"，因此后世也称顾绣为"露香园顾绣"。顾氏是书香门第，他们家族的女眷也颇具修养。顾氏女眷所绣的刺绣作品被誉为"女中神针"，极具艺术性。顾绣最大的特点就是将传统的刺绣和国画笔法相结合，以针代笔，以线代墨，因而风格独特。

二、工艺特色

"头发"这种材质在古代中国具有极其重要的特殊意义。所谓"身体发肤，受之父母，不得毁伤，孝之始也"，古人对头发极为珍爱，将之视为生命和精神的象征。《礼记·内则》有载："三月之末，择日剪发为鬌，男角女羁。"可见古人将理发视作一件大事，规定了专门清洗、修剪头发的日子和种种禁忌。而剪下来的头发也不像现在这样丢弃了事，一般是由家中主事妇人收藏起来或者烧掉。

如果突然剪发，一定是有非常之事，比如古代剃发是刑罚之一，而且更偏向精神的苦痛和羞辱。正是基于这一观念，古人有了过失，有时也自割其发以示责罚。《曹瞒传》曰："太祖尝行经麦中，令卒士无败麦，犯者死，骑士皆下马持麦以相付，时太祖马腾入麦中。太祖曰：'制法而自犯之，何以帅下，然孤为军帅，不可杀，请自刑，因援剑割发以置地。'"上述种种，足以说明头发的地位之高，作用之大。

1. 发绣之情感寄托

头发是人类生命物质的一部分，其材料的特殊属性亦赋予发绣艺术的独特魅力，使它寄托着人类的情感，蕴含着丰富的人文内涵。头发被称作青丝，青者，情也；丝者，思也。因此头发或头发制品也是忠贞、信仰的象征。旧时男女相爱，两心相许，女方以一缕青丝托付男方，发丝成了爱情的信物；"镜中衰鬓已先斑"是诗人对人生易老、功业难成的悲叹之情；清军入主中原时，汉族士人表现出宁断头不断发的气节；之后剪发弃旧又成了清末革命党人的义举；对佛门僧众而言，头发是俗世尘缘的象征，出家必须"落发"，斩断一切烦恼丝。古人珍惜头发如同爱惜生命，遵循的是生带来、死带去的原则，就连日常所用的假发，也会认真收藏。如著名的马王堆汉墓的一号墓、三号墓均出土有假发，假发为真人头发编结而成，作盘髻状，放置于漆奁内。

也正因为头发的特殊性，佛门信女为表敬畏之诚心，绞下发丝，用以绣成佛像，供奉膜拜，这种现象在宗教盛行的唐宋时期非常盛行，所以最早的发绣是以绣制佛教题材为主的，这和唐宋时期佛教得到广泛发展和接受有关。当时建庙、供养、绣绘佛经佛像之风大兴。这期间，刺血写经书、以身事佛的例子比比皆是。比如朱启钤在《女工传征略》中记载宋代孝女周氏，为纪念其母，刺血手书妙法莲华经七万字，手劈发而绣之，历时十三年而成。人们对身体的珍爱和对宗教的虔诚渐渐以发绣这样的形式找到完美的契合点。因此发绣在其产生之初就不同于一般的艺术品或工艺制品，它不是用于欣赏、玩赏和流通，而更倾向于一种精神层次的寄托和表达。[1] 有些父母用头发绣子女的肖像，有些儿女用自己的头发绣父母的肖像，皆具纪念价值。如清末刺绣名家沈寿，在她身染重病，离开人世的前一年，就用自己的头发绣制了发绣作品《谦亭》作为传情达意的信物送给有知遇之恩的张謇。现代发绣作品《脚印》首次尝试用妈妈的头发绣出孩子的脚印，不仅展现了美好的亲情寄托，更是具有一生珍藏的意义（图4-40）。

在中国发绣史上，有一个有趣的故事，讲的是清代一位叫吴慧娟的刺绣名家，精于书画，拥有高超的刺绣技能。她的丈夫冯子倩一度纵情酒色，不听劝告，难以自拔。于是吴慧娟拔下自己的头发在白绫之上绣下二首规劝诗送给丈夫。其夫冯子倩在看到自己妻子以发绣制的规劝诗后大为感动，从此改邪归

---

[1] 王薇.中国发绣概述[J].中国艺术时空, 2017（4）: 16-23.

正，并且在发绣之上题写了此事的始末，结成《绣发集》，从此发绣也成了规劝浪子回头的手段。

2. 发绣之制作流程

发绣以发代线，运针如笔，完成绘画之表现，堪称世界染织史上的创举。天然的发丝入绣，赋予了绣品独特的材质之美和真实之感。温州发绣的流程可简述如下。

第一步，选取头发和底料。头发有粗细之分，粗有粗的优点，细有细的用处。因此，需要把收集来的头发分门别类，这就好比准备画素描时，需要将软硬不等的铅笔一一放好，以便各取所需。选发时，不宜采用自然卷发，这种发丝刺绣时不易拉直。有些易断或分叉的头发也不适用。健康、乌黑亮丽的头发才是发绣的首选。若用来绣人物面部的高光部位，则百里挑一选取最细最软的发丝，或挑选十岁左右小女孩的发丝。发丝的长度，一般以60厘米为佳。发丝太短则穿针次数多，比较费时间；太长又不便抽拉。[1] 有时也可以收集一些棕色、褐色、金色、米黄色的发丝，用来绣脸部、手部等部分，使画面更丰富。由于头发色彩种类有限，因此，要达到丰富的表现效果就得充分利用它们的差异特点。如同画家可用一支铅笔画尽万物一样，发绣要把人物面部的光感、质感、体感用线条和明暗层次表现出来，这比用铅笔作画难度大得多，时间也要费更多。

发绣人像所用底料多是素白色真丝软缎、塔夫绸等真丝织物。特殊作品可以选用麻、棉、绢、尼龙等新底料。有时为了增强人物性格、时代气息和画面效果，也选用不同颜色底料。比如，绣英国首相丘吉尔时，为了突出他阴沉严肃的形象，就采用一种浅灰色的绣料做底；而绣艺术大师毕加索时，就选用一种浅红色的绣料做底，突出他热情豪放的性格特点；为表现大科学家爱因斯

图4-40 现代发绣作品《脚印》

---

[1] 魏敬先，魏乐文. 温州发绣[M]. 杭州：浙江摄影出版社，2011：3-4.

图 4-41 刺绣

坦大面积白发、白色胡须的特色，就选择浅灰色的麻布料做底；而在绣英国女王、戴安娜王妃等皮肤细腻而身份高贵的人物形象时，则选用光泽度较好，质料细腻的浅黄色塔夫绸做底料。[1]

第二步，放样和临缎。放样，就是把样稿放到要绣的尺寸大小。过去都是手工临摹，现在普遍使用复印机、放样机，更准确、方便。临缎，是指用铅笔将样稿准确地临摹在底料上。临缎时先把样稿固定在绣料的背面（任何绣料织物都有正反面之分，一般来说，织物光泽与手感较好的一面就是正面），然后将样稿如实地勾画出来，特别是人物的眼、口、鼻等重要部位，画得越仔细、越准确越好，还要特别注意面部肌肉的走向。

第三步，正式刺绣（图4-41）。重点是要考虑用什么针法来绣。绣一幅人物肖像需要运用各种针法，比如背景用平针绣，面部用施针绣，毛呢料的衣服用乱针绣等。在正式绣之前，可先做一些小样试绣，观察效果。头发不像丝线那样柔软，具有一定弹性，运针时必须要均力抽拉。为了表现绣品面部的微妙变化，要精挑细选，找出适合刺绣的细发；而绣厚实的衣料时，可选用多根

[1] 魏敬先.论发绣[C]//文化部艺术服务中心.中国民间文化艺术之乡建设与发展初探.北京:中国民族摄影艺术出版社,2010: 471-473.

粗发一起进行刺绣。发绣的丝理也直接影响到脸部表现效果。既然是绣人物肖像，那么面部自然是最具吸引力，也最能出彩的地方。面部绣得好与坏，也是一幅作品成败的关键。发绣一般用虚实针来表达明暗，即深的地方施以密绣，浅淡的地方施以稀绣，高光部位不绣，以缎地作白。因此，每一针都力求起到传神的作用，做到增之不得、减之不得的地步。刺绣时，要依五官结构的纹理运针，才能形神兼备地表达。比如绣嘴唇时，若是要表现孩童或年轻人较平滑细腻的嘴唇，可采用横线条；若绣老年人粗糙而有干裂之感的嘴唇，采用竖线、短针方可绣出微妙的感觉来。因此，制作一幅肖像之前，首先要经过一番针法设计和思考。要事先根据人物脸部结构进行设计。制作发绣肖像，达到形象的肖似并不太难，难的是对质感、光感以及人物内心世界的处理。这就依赖作者的艺术修养、刺绣经验和针法的灵活运用程度。

除此之外，尤其要注意的是发绣人像时，起针线头最好是在正面压定，术语称"记针"。用"记针"的方法代替打结，使起针的结头被完美地处置了。因为虚实绣法本身是以针线的疏密来表现立体感的，如果背面的线结过多，作品完成后绷在底板上或者装裱时，会使绣面有凹凸不平之感，势必影响观赏效果。再者，丝绸底料一般都有一定的透明度，装裱后切不可让背面回针的黑发透到正面来。另外，由于发丝的坚韧和反弹性，落线时，也要注意多钉几个"暗针"，不致使线头脱落。[1]

3. 发绣之技艺创新

温州市发绣研究所是中国当代发绣艺术的探索者和实践者，不断创新求变，把温州传统的单色发绣发展成彩色发绣，发绣技艺也得到了三次创新。

第一次，单色发绣法。即只用黑色发丝做绣线，这也是最初的发绣特色。中国人的头发大多为黑色，也有少许褐色、白色，西方人的头发则有黄色、棕色、灰色等。这些色彩简单的头发和平常那些五彩缤纷的丝线相比，表现范围要狭窄很多，所以多见单色发绣。

第二次，彩色发绣法。主要特点体现在绣品材料的选择，改变了过去仅由人类原生纯色发绣一幅作品的做法，改为采用不同人种不同颜色的头发进行合

---

[1] 魏敬先.论发绣［C］//文化部艺术服务中心.中国民间文化艺术之乡建设与发展初探.北京：中国民族摄影艺术出版社，2010：471-473.

绣，使得绣品表现的主题也更为灵活、多变。[1]而这次创新，得益于一个灵感。温州市发绣研究所的孟永国老师在绣制作品《蒙娜丽莎》的过程中一度因于黑头发的单一色彩难以表现面部的明暗。刚好某日偶遇几位来自荷兰的交流老师，看到她们栗色的头发时，孟永国不禁眼睛一亮，心想如果用她们的头发来绣，肯定效果更好。经历一番周折，孟永国拿到了一些彩发，马上开始尝试绣《蒙娜丽莎》，除了吃饭，他从早上八点一直绣到下午五点，花了整整六个月，终于绣好了《蒙娜丽莎》，也完成了将发绣从单色到彩色的突破（图4-42）。彩色发绣《蒙娜丽莎》，采用了不同人种的天然发丝，运用"大乱针""小乱针""交叉针"等多种发绣针法语言，刻画出的"蒙娜丽莎"面部、胸部以及手部质感细腻、似有弹性，这种效果用发丝表现实属不易。手是人的第二张脸，有一种说法叫"绣花难绣缕，绣人难绣手"，一般绣半身人物肖像较少出现手部。孟永国以极具个性的针法语言，使手的姿态、色泽、亮度都恰到好处，整幅发绣肖像逼真传神。如果说早期发绣针法富于装饰性，那么现代发绣针法更富于表现性，特别是彩色发绣的一些技巧能体现出作者对生活的感受，成为作者对世界认知的一种个性表达。

图 4-42 第一幅温州彩色发绣《蒙娜丽莎》

第三次，新创"做底补色法"。发绣研究所首次提出"以针线写生"的刺绣主张。特点是绣前先做底色，然后再刺绣。这些技艺的革新，让发绣的题材从传统的人像转向风景、花鸟等，使发绣语言更为丰富、艺术表现力更强。[2]

4. 发绣与丝绣之异

发绣和普通刺绣相比，除了材料上的不同外，最大的区别在于巧用针脚疏密变换、叠加复层来处理明暗效果，用发丝色彩对比来表现冷暖色调。发丝虽

---

1 王焕.巧用材料，法随心意——独具特色的温州发绣艺术[J].艺术评论.2017（12）：116-118.

2 王春红.关于高校非遗传承现状的分析和思考——以温州市为例[J].艺术科技.2016（03）：44-45.

质硬、有弹性，不可劈分，但可数根合绣，温州发绣据此特性，在使用短针和记针时有其独特的处理技巧。此外，温州发绣的绣面针脚显露，质感独特，层次丰富，与绣面光洁、色彩绚丽的丝线绣不同。在绣制发绣时，有三点需要特别注意：第一，头发不像丝线那般柔软，绣在缎底往往不够服帖，这也是发绣的难点之一，所以运针时必须要抽拉均力，切不可轻一针、重一针。一般用发丝作绣时，比用丝线作绣抽拉的腕力稍重一些，方能显得绣面平服，发丝紧贴缎面，不至于反弹弓起。其二，由于头发不像丝线那样，一根可以分成几丝、几十丝，所以头发粗细的选择就尤为关键。特别是绣品受光部位的微妙变化处，要选用细发，粗发会使明暗推晕不自然。同时丝路方向也非常重要，方向转不好，会影响结构的表达，针脚太乱，也会有失质感。其三，由于发丝的色彩比较单一，若要表现丰富多彩的大自然，就要充分利用发丝深浅、粗细的差异特点，以及不同底料的表现特性，用素描画的原理，来描绘出万物神韵。由于发丝可以经耐岁月，千年不腐，使得发绣作品也可以流传千年，更具收藏价值。

知识小贴士

丝绸刺绣除了用丝线、金银线以及发丝之外，还会用到其他材料，比如孔雀羽毛、宝石、各色珠子等。孔雀羽毛呈翠绿、墨绿色，带莹莹闪光，具有极佳的装饰效果，是刺绣中的高档材料，明代已将其用于织物刺绣，清代亦有此类作品，实物至今保存在故宫。若用宝石、珍珠、珊瑚珠、琉璃珠之类的颗粒状物，则要采用钉在织物上的绣法。为使刺绣更加生动逼真，有人甚至采取更加特殊的办法，绣什么就用什么。比如南京博物院所藏的明代观音绣像，其中的蒲团是用席草编绣而成，视之犹如真物。这类方法基本上是明清之际开始流行起来。

三、发绣"外交"

发绣的主题以人物肖像为主，所用发丝又蕴含独特的人文情怀和特殊意义，这一特点竟使发绣担负起"对外交流"的重任。

1989年，浙江省领导在规划筹建金温铁路之时，希望多引进资金推动建设，了解到祖籍温州的国学大师南怀瑾先生爱国、爱乡之情甚浓，便派当时的温州市市长刘锡荣赴港拜访。初次见面，究竟带什么见面礼好，当时也颇费了一番脑筋。经过多方考虑，最后决定为南怀瑾先生的母亲绣一幅发绣肖像，而且这幅绣像最好能用南老夫人本人的头发制作，更显情深义重。于是，市政府派人专程去了温州乐清南怀瑾先生的老家寻找资料。南老夫人是九十余岁仙逝的，她生前很少留下照片，仅有的两张，一张是发黄的模糊不清的个人照，另一张是和别人的5英寸合照。在这张合照里，老人穿着黑棉袄，头戴绒线织的黑色老人帽，形貌较为清晰。于是，发绣师傅魏敬先就以此为样稿来刺绣。期间几经周折，还从一直陪伴南老夫人的儿媳妇处找到了一绺落发，头发不长，灰白色，且比较散乱，据说是老人生前梳理头发时散落下来的，无意之中收集起来，塞在墙缝之中。没想到，多年以后竟派上了大用场。通过两个多月的精心绣制，魏敬先最终完成了这幅发绣，并将剩下的一小撮南老夫人的头发，用红布条扎起，粘在镜框底板上。那年秋天，刘锡荣市长率团访问香港，将这幅珍贵的绣像专程送到了南怀瑾先生家中。当刘市长呈上南老夫人的肖像，并介绍这幅发绣部分采用南老夫人本人的发丝绣制而成时，南怀瑾先生愣住了。年逾古稀的南先生已经四十余年没有返乡，此时，一幅绣像不由引起游子的思绪万千。不等刘锡荣说完，南怀瑾先生已掩面而泣。南怀瑾先生十分感激温州人民对于他的馈赠，当场表示，能为家乡人民做点功德之事，应是义不容辞。不久，温州人民期盼已久的金温铁路项目启动了，并于1997年建成通车。[1] 在金温铁路建成之前，从金华到温州，短短三百公里的路程，乘坐长途汽车，翻山越岭，竟需要十二个小时，而金温铁路通车后，时间被缩短到三个多小时。"一

---

[1] 温州"发绣外交"的难忘往事[N]. 温州日报, 2012-10-22.

幅绣像催生金温铁路"成为美谈。

1990年，时任温州师范学院院长的谷亨杰教授想为温州师范学院的新校区争取援建资金，想到了祖籍宁波的邵逸夫先生，便希望给邵逸夫先生绣一幅像作为礼物。一番苦心寻找后，最终以杭州邵逸夫医院为开工典礼而印制的说明书上的彩色标准照为样本，上绷刺绣。绣成之后，赠送这幅发绣的过程却颇为曲折。本想将绣像连夜送到杭州，托国家教委组织代表团带去，没想到作品过关时被拦截，未能送出。1991年，恰逢邵逸夫先生造访宁波，将到温州雁荡山观光。得知这个好机会，在多方努力和安排下，肖像绣品终于送到了邵逸夫先生的面前。年过八十的邵逸夫先生看过后，连连点头称赞。雁荡山赠像仪式后不久，学院先后收到了邵逸夫先生亲笔签名信两封，其中一封感谢信上书："感承惠赠绣像一幅，绣工精细，拼缀奇巧，神态逼肖，气韵生动，观者皆誉为乃尽显温州刺绣独特艺术风格之作。"[1] 邵逸夫先生绣像的成功赠送，促成了"逸夫图书馆"和"逸夫发绣艺术楼"两个捐赠项目。何朝育和黄美英夫妇也曾收到过魏敬先为他们创作的发绣肖像，于1992年出资捐建了"育英大礼堂"。

二三十年来，温州发绣研究所先后制作了古今中外的名人肖像百余幅，其中作为国礼的多达十几幅，如为戴安娜王妃制作的彩色发绣肖像，被我国经贸代表团带往英国伦敦赠送后，受到戴安娜王妃的高度赞赏。1996年11月，发绣被作为国礼面赠给尼泊尔比兰德拉国王和王后，受到高度评价。2000年，温州发绣艺术展办到了纽约联合国总部，魏敬先现场绣制的安南头像，造成轰动效应。[2]

近年来，温州发绣对外交流活动频繁，每年都出国参展。国外不少参观者看了精美的发绣作品后，表示乐意捐赠自己的头发用于这门艺术。甚至在发绣研究所人员回国后，有些人还会从国外寄来头发。这也可算作发绣的另一种"外交"模式。

除了出国展示，温州发绣也多次参加国家级或省级展览，屡获大奖，有的发绣作品被外国国家博物馆收藏，有的被国内国家级或省级博物馆收藏。2011

---

[1] 魏敬先,魏乐文.温州发绣[M].杭州:浙江摄影出版社,2011:70-76.
[2] "发绣外交"二十年[N].温州日报,2005-12-4(1).

年5月，在深圳举办的全国24绣种作品展中，发绣作为一个绣种参展。这次参展标志着发绣独立绣种身份的确立。

染绣名品

知识小贴士

明清之际，具有浓厚地方特色的苏绣、粤绣、湘绣和蜀绣先后形成，被称为中国四大名绣，它们各具风格，沿传至今。苏绣：苏州地区的代表性刺绣，特点是图案秀丽，针法灵活，绣工精致。其技巧表现为"平、光、齐、匀、和、顺、细、密"八字。粤绣：广东地区的代表性刺绣，特点是用线种类繁多、配色对比强烈，构图繁密热闹。湘绣：湖南地区的代表性刺绣，擅长以丝绒线绣花，绣品绒面具有真实感，常以中国画为蓝本，风格豪放，传统题材多用狮、虎、松鼠等。蜀绣：以四川成都为中心的代表性刺绣，特点是以套针为主，分色清楚，针法多达百余种，绣品色彩鲜艳，富有立体感。

附录1：浙江历代蚕桑丝绸著作

农业科学原理大多是在农业技术发展过程中形成的，蚕桑丝绸也不例外，在以往的漫长岁月中，浙江先民在发展当地蚕桑丝绸业时所采用的实用技术，是在学习北方技术和总结自身成功经验的基础上，根据浙江的气候、环境条件和自身生产的实际需要，不断摸索，逐步改进、完善而形成的，是一套完整的符合浙江实际的技术和经验。这些技术和经验因符合实际需求而世代流传，一些知识分子或出于安国治民之需要，或出于扶贫济困之心，或出于个人爱好，对这些技术和经验进行了搜集、整理和总结，寄于文字，从而形成了各类蚕桑丝绸著作。

随着十九世纪西方近代蚕桑技术的传入，特别是浙江蚕学馆开创后，人们着重学习西方蚕桑织染新法，一部分国外的书籍被直接翻译或编译过来，大量接受新式蚕桑丝绸教育的学者也相继著书立说，这些著作不仅推动了浙江蚕桑丝绸业的生产，也让我们可以从中看出浙江蚕桑丝绸业技术进步的轨迹，是一份宝贵的科技遗产。

一、早期蚕桑丝绸文献

中国早期的丝绸生产中心在北方而非长江流域，详细记录浙江蚕桑丝绸生产的技术专著或浙人所著之书本就不多，兼因年代久远，多已不传，我们现在只能从一些相关的文献资料中窥其一斑。

《论衡》

　　作者为王充。王充在《论衡》中对蚕桑有细致的观察："商虫篇"记"桑有蝎"，蝎即桑天牛，是桑树有桑天牛为害的最早记载，"无形篇"及"商虫篇"详细记述了蚕的变态周期和生活期，"自纪篇"则对出丝率与茧层厚薄的关系作了调查。王充是继战国荀子作《蚕赋》以来，记述蚕生活史的第一人。

《蚕赋》

　　作者杨泉。杨泉对养蚕的全过程作了描述，如稚蚕用桑和调桑是"爰求柔桑，切若细缕"；蚕室温度、湿度调节和眠起处理是"温室既调，蚕母入处，陈布说种，柔和得所……起止得时，燥湿是候"。

《本草拾遗》

　　作者为陈藏器。陈藏器认为"《神农本草经》虽有陶、苏补集诸说，但遗逸尚多"，因而汇集前人遗漏药物，于开元二十七年（739年）撰《本草拾遗》10卷（今佚）。书中记录了多种植物染料及染色方法。

二、宋元时期的蚕桑丝绸著作

　　时至宋代，尤其进入南宋时期，由于长江以北地区处于金人的控制之下，丝绸产区基本集中在长江流域，浙江地区已成为名副其实的"丝绸之府"。此时蚕桑丝绸生产技术日臻完善，形成了一整套生产工艺，因此出现了较多的专门著作，如陈旉所著《农书》，首次把蚕桑放在了特别重要的地位，对后世农桑并列思想的成熟起到了至关重要的作用；而楼璹所绘《耕织图》及配诗，则生动形象地表现了当时浙江地区自浴蚕至剪帛的整个工艺过程。

　　经宋末战乱，元代统治者为恢复经济，鼓励农桑生产，下令官方编撰并发行了一些专业书籍以作指导，如根据李声所著《农桑图说》编成的《栽桑图说》作为官方科普资料从延祐五年（1318年）至至正二年（1342年）屡次发行。而在宋代蚕桑丝绸业发展的基础上，民间亦有不少蚕桑丝绸生产技术的著作问世，保存下来的如王桢的《农书》，其对蚕桑生产技术进行了系统、详细的整理和总结。

《农书》

作者为陈旉。该书成书于南宋绍兴十九年（1149年），全书共三卷，共计一万余字。上卷论述农田经营管理和水稻栽培，是全书重点所在；中卷叙说养牛和牛医；下卷阐述栽桑和养蚕，内容包括种桑、收蚕种、育蚕、用火采桑、簇箔藏茧等五篇，详细地介绍了种桑养蚕的技术和方法。"种桑之法"主要介绍了桑树的种子繁殖方法，还提到了压条和嫁接等无性繁殖方法；"收蚕种之法"则介绍了蚕种的保存、浴蚕、蚕室和喂养小蚕的技术；"育蚕之法"则强调自摘种，以保证出苗整齐；"用火采桑之法"提出在给蚕喂叶时，利用火来控制蚕室湿度和温度，还提到了叶室的作用；"簇箔藏茧之法"介绍了簇箔的制作和收茧、藏茧的方法等。

此书所记载的农业生产情况以包括浙江在内的南方地区为主，书中首次提到湖州安吉人采用嫁接的方法繁殖桑树。此书把蚕桑单列一卷讨论，首次把蚕桑放在了特别重要的地位，对后世农桑并列思想的成熟起到了至关重要的作用。

《农书》首次由真州洪兴祖刊布后，嘉定七年（1214年）由汪纲及朱拔再次刊刻传播，明代以来，《农书》的刊本、抄本、单行本、合编本有多种。目前有《永乐大典》本、《四库全书》本、《函海》本、《知不足斋丛书》本，以及与《蚕书》或《耕织图诗》的合编本等。除旧有版本外，1956年中华书局曾根据《知不足斋丛书》本排印过一次，首尾附件较完全。1965年农业出版社出版了万国鼎的《陈旉农书校注》。

《全芳备祖》

作者为陈景沂。此书估计脱稿在宋理宗即位（1225年）前后，其时作者约30岁，故自称是"少年之书"。书分前后两集，前集27卷，所记皆花；后集31卷，其中二十至二十二卷记农桑。由其后裔约在"宝祐癸丑至丙辰间"（1253—1256年）付刻。初版藏于日本，农业出版社以此本影印本为底本，配以国内抄藏本，第一次影印出版全书，列为"中国农学珍本丛刊"第一种。

《耕织图》

作者为楼璹，约于1132—1134年完成《耕织图》制作。1210年，其孙楼洪、楼深等曾将其中的诗刻石。

《耕织图》包括耕图21幅，织图24幅，每幅附五言诗一首。耕图描绘了从浸种到整地、插秧、田间管理以至收获、加工等水稻生产的全过程；织图反映了采桑、养蚕、窖茧、缲丝织绸、剪帛等蚕丝生产的全过程。"图绘以尽其状，诗文以尽其情"，既形象地展示了当时江南农桑生产的概貌和技术水平，也反映了当时社会的某些习俗和经济状况。

其原图及刻石均已失传，但后世临摹、翻刻以至重绘者却不少，其中较重要的有：（1）元代程棨（仪甫）摹本。乾隆时曾藏于圆明园，后因圆明园被英法联军焚毁，程本《耕织图》亦不知所终，据说已流失至美国弗里尔美术馆。（2）明代天顺六年（1462年）宋宗鲁重刊本。后传入日本，成为日本延宝四年（1676年）狩野永纳本的祖本，在日本美术界有很大影响。（3）明代万历刊本。《便民图纂》收载《耕织图》31幅，更名"农务女红图"并将五言诗改为吴语竹枝词。（4）焦秉贞重绘《耕织图》46幅（耕图、织图各23幅）。上栏有康熙帝的七言诗各一首，楼璹原诗则插入画幅之中，康熙三十五年（1696年）由朱圭刻印成书，后来《授时通考》亦予转载。

《农书》

作者为王祯。全书由《农桑通诀》《百谷谱》《农器图谱》三个独立的部分组成。《农桑通诀》总计六集，共十六篇，很像现代的农业概论，在十六篇之前有作者自序，强调农业生产之重要。自序后为农事起本、牛耕起本、蚕事起本，分别讲述农业、牛耕和蚕业的起源，犹如概论中的序言。十六篇的内容依次为：授时、地利、孝悌力田、垦耕、耙耢、播种、锄治、粪壤、灌溉、劝助、收获、蓄积、种植（果树、经济林木）、蓄养、蚕缫、祈报等。除孝悌力田、劝助、祈报三篇外，均按照农业生产从种到收的程序来编排，是中国古代农书第一次归纳出较为完整的体系。《农器图谱》所载农具种类繁多，除常用农具外，还有田制农器、农舍、灌溉工程、运输及纺织工具等，并配图。《农器图谱》将农器分为二十门，体例严谨，搜罗详备，在现存古农书中，此一成就最为突出，是以后出农书多奉为圭臬。

其版本现存有《永乐大典》本（二十二卷）、嘉靖九年（1530年）山东布政司刻本（三十六卷）、万历二年（1574年）济南府章邱县重刻嘉靖本（残存三十一卷）、武英殿聚珍本、福州增刻武英殿聚珍本（二十二卷）、民国十三年（1924年）济南善成印务局据山东公立农业专门学校图书馆藏本排印本、民国二十六年（1937年）上海商务印书馆《万有文库》本、1956年中华书局铅印本（与《陈旉农书》《沈氏农书》合订）等。

《农桑图说》

作者为李声。李声在宋代蚕业发展的基础上，总结农民的生产经验，著成《农桑图说》。延祐五年（1318年）苗好谦摘录其中的内容编成《栽桑图说》，由大司农买住上呈元仁宗，仁宗说"农桑之食之本，此图甚善"，命刊印千帙散之民间。

《题耕织图二十四诗》

延祐五年（1318年），画家杨叔谦作《农桑图》（也称《耕织图》），赵孟頫奉懿旨题诗二十四首，现图佚诗存。赵孟頫题诗共二十四首，其中《耕图诗》和《织图诗》各十二首，按月份为题排列，均为五言，每首八联十六句，真实地反映了元代湖州地区全年的蚕织生产过程。

《种树书》

作者为俞宗本。此为一本综合性书籍，汇集了唐宋一些著作的内容，总结了古代劳动人民栽培豆、麦、桑等的丰富经验，记载了多种树木的嫁接方法，如桑远缘嫁接等，具有相当高的水平。此书在明清两代多次刻行，有《居家必备》本、《说郛》本、《格致丛书》本、《夷门广牍》本、《广百川学海》本、《奚囊广要》本、渐西村舍本等，后来又有据渐西村舍本排印的丛书集成本。

三、明代蚕桑丝绸著作

历元末战乱破坏，明太祖自即位时，即蓄意发展蚕桑丝绸业，推动了浙江成为全国蚕桑丝绸业最为发达的地区之一。在生产的推动下，浙江的蚕桑丝绸生产和经营技术不断提高和完善，出现了像《沈氏农书》这样详实记录嘉湖地区农村经营农桑的情况、真实反映当时农桑技术的专门著作，也出现了像《多能鄙事》这样详尽介绍丝织品的染整工艺的著作。同时当时百科类书籍《天工开物》《农政全书》中也用大量篇幅记录和介绍了浙江地区，尤其是杭嘉湖地区的生产情况和技术。

《多能鄙事》

作者为刘基。其名取自《论语》"吾少也贱，故多能鄙事"。刘基是明代著名的政治家、军事家和文学家。《四库全书》收录浙江汪启淑家藏明嘉靖四十二年（1563年）范惟一刻本，然认为其书"体近琐碎""殊失雅驯"，认为其是托刘基之名而著。

《多能鄙事》是一本讲述日用技艺的著作，卷四"服饰类"中介绍了纺织品的加工整理技术，分为洗练法和染色法两大类，是收集当时浙江地区民间的染整工艺技术汇编而成。在洗练法中，有洗毛衣毡法、洗竹布法、洗焦葛法、洗罗绢法、洗彩色法、洗白衣法、洗皂衣法、练绢法、用胰法、洗苎布法等。在染色法中，有染小红、染枣褐、染椒褐、染茶褐、染艾褐、用皂矾法、染青皂法等。书中在染色工艺方面，对植物染料的品种、拼色、处方、媒染工艺、胰酶脱胶技术和成品质量等方面收集颇为详细，对研究古代和近代的染整工艺很有参考价值。

《农桑谱》

作者为茅戵。茅戵，好稼穑，尤精治桑，他的雇工很多，在唐家村上扩种桑地十万余枝（面积数百亩），他事必躬亲，田产量要比普通农民增加一倍；每亩桑地的收入，要比普通蚕农增加十倍甚至百倍，使家财达银数万两。《沈氏农书》说："归安茅氏，农事为远近之最。"茅良对他生产的经验进行了总结，作《农桑谱》6卷颁于世。

《吴中蚕法》

作者为沈如封。书成于万历年间（1573—1620年），内容以记述吴兴地区的养蚕方法为主，书已佚。

《涌幢小品·农蚕十则》

作者为朱国祯。该书共三十二卷，始撰于万历三十七年（1609年）春，天启元年（1621年）冬完稿。初名《希洪小品》，寓意仰视洪迈《容斋随笔》。后筑木亭名涌幢，意指海上涌现出佛家的经幢，比喻时事变幻好比昙花一现，书沿其名。记载明朝掌故，大至朝章典制、政治经济、徭役、仓储备荒、遵化冶炼技术，小至社会风俗、人物传记。卷二中有十则记载了湖州农蚕方面的内容，并谈到了当时浙江在种桑方面出现的资本主义生产萌芽："湖之畜蚕者多自栽桑，不则豫租别姓之桑，俗曰秒叶。凡蚕一斤，用叶百六十斤。秒者先期约用银四钱，既收而偿者约用五钱，再加杂费五分……本地叶不足，又贩于桐乡洞庭。价随时高下，倏忽悬绝……故栽与秒最为稳当，不者谓之看空头。"

该书最早有明天启年间朱氏家刻本，清乾隆年间选用兵部侍郎纪昀家藏本入编《四库全书》，中华书局1959年出版了铅印本。

《农政全书》

作者为徐光启。该书由徐光启门人陈子龙等人负责修订，"大约删者十之三，增者十之二"，于崇祯十二年（1639年）付印，并定名为《农政全书》。全书分为农本、田制、农事、水利、农器、树艺、蚕桑、蚕桑广类、种植、牧养、制造、荒政等十二目，共六十卷。此书为我国古代农业科学集大成之作，其中蚕桑、蚕桑广类二目中记录了不少浙江地区的蚕桑生产技术。

其原刻版本为明崇祯十二年（1639年）平露堂版，中国农业科学院科技文献信息中心等处均有收藏；此外尚有道光十七年（1837年）贵州刻本、道光二十三年（1843年）曙海楼本、同治十三年（1874年）山东书局刻本、光绪二十六年（1900年）上海文海书局石印本、宣统元年（1909年）上海求学斋石印本、1930年上海商务印书馆《万有文库》本等。

《谭子雕虫》

作者为谭贞默。此书作于崇祯十五年（1642年），全书分为上下两卷，共分为37段，上卷17段，下卷20段。上卷前面有一段"赋序"和一段"赋总起"，下卷后面有4段"赋总"。全书以"赋"结合"传"的形式记述了包括蚕在内的近百种"虫"，是一部极具有学术价值的昆虫学著作，书中还对蚕蛾寄生蝇（蚕饰腹寄蝇）的寄生状况和危害情形做了形象的刻画。有民国二十四年（1935年）嘉兴承启堂刊本。

《天工开物》

作者为宋应星。此书名取自《易·系辞》中"天工人其代之"及"开物成务"，被称为中国第一本百科全书。本书是崇祯年间宋应星在江西分宜县任教谕时写的，其中"乃服""彰施"篇专讲蚕桑、纺织及染色技术，其中极大部分内容反映了浙江的情况和生产技术，其中所载桑树直播育苗、压条、树型养成、修剪工具、摘叶法收获蚕叶、种茧种蛾的选择、蚕种保护、簇中保护等，都是当时的先进技术，书中首次记载了嘉湖地区用天露浴、石灰浴和盐卤浴等方法浴种。

其版本众多，其明初刊刻本原藏于宁波墨海楼，后捐于北京图书馆，另日本静嘉堂文库及法国国家图书馆亦藏；北京图书馆、日本彰考馆等处藏有清初杨素卿坊刻本；另有日本明和八年（1771年）菅生堂刻本、民国十六年（1927年）《喜咏轩丛书》本等多种。1837年，法国汉学家儒莲将"乃服"篇翻译成法语，合以《授时通考》中的"蚕桑"篇，编成《蚕桑辑要》一书刊行，随之又被译成意、德、英、俄等语，对当时欧洲蚕业生产产生了重大影响。

《沈氏农书》

为沈氏所作，名字不详。成书时间约为崇祯十三年（1640年）。该书反映了明末清初时浙江嘉湖地区农业生产的情况，全书有"逐月事宜""运田地法""蚕务（六畜附）""家常日用"四个部分。其中"蚕务"除养蚕外，还包括丝织和六畜饲养等内容。其版本除清道光十一年（1831年）六安晁氏木活字排印《学海类编》本、民国二十五年（1936年）上海商务印书馆《丛书集成初编》本外，还有与《补农书》共刊的清乾隆四十七年（1782年）勤宣堂据乾隆二十一年（1756年）嘉兴朱氏刻本补版刻印的《杨园先生全集》本、道光二十四年（1844年）吴江沈氏世楷堂刻印《昭代丛书》本等。

四、清代蚕桑丝绸著作

清代蚕桑丝绸的著作较前明显增多，据不完全统计，清代出版的蚕桑著作达174种，其中有大量浙江学者著述或介绍浙地蚕桑织染技术的著作。清代蚕桑丝绸著作主要有几个大类：一是汇编性及增补类的著作，如卫杰的《蚕桑萃编》及章震福的《广蚕桑说辑补校订》等；二是对著名丝绸产地的蚕桑丝绸技术的总结，此类书多见于湖州、嘉兴一带，较著名的有汪曰桢的《湖蚕述》和高铨的《吴兴蚕书》等；三是专门针对当地情况推广蚕桑生产的科普作品，如沈秉成的《蚕桑辑要》等。

此外，1897年浙江蚕学馆开创后，直接翻译或编译了一部分国外的书籍，如蚕学馆1898年印行的法国喝茫勒窝著、郑守箴译的《喝茫蚕书》等。

《补农书》

作者为张履祥。张氏于清兵入关后，隐居家乡务农。他对《沈氏农书》极为欣赏，但尚感有不足，约在顺治十五年（1658年）根据自己的经验体会及从老农处学来的知识编成《补农书》，意指补充《沈氏农书》之不足。乾隆年间，重刻《杨园先生全集》时，把《沈氏农书》也一并归入《补农书》中，从此《补农书》的内容多包括《沈氏农书》在内。

《补农书》由"补农书后""总论""附录"三部分组成，以"补农书后"的二十二条内容最为重要。在书中首次提出要汰除瘫桑（萎缩病）病株，以免传染。

其书多与《沈氏农书》并刊，其版本有道光二十四年（1844年）吴江世楷堂刻印《昭代丛书》本、同治十年（1871年）江苏书局《杨园先生全集》本等。此外，还有1956年中华书局铅印本和1983年农业出版社出版的陈恒力《补农书校释》。

《蚕桑辑略》

作者为费金吾。费金吾为清代官员，任间修水利，置义田，办义学。著《蚕桑辑略》颁布各郡邑，是为教民种桑养蚕。

《桑志》

作者为李聿。李聿将书籍所见有关桑树的故事摘抄成本书，全书分桑之始、桑之类、桑之事、桑之具、桑所宜、桑所植等十目。有清嘉庆时虎溪山房刻本。

《胡氏治家略》

作者为胡炜。胡炜做过山西的地方官，因病辞官回家，《胡氏治家略》是他的家训，成书于乾隆二十三年（1758年），其中卷三为"蚕织"。中华书局曾于1958年节录其中部分章节，出版《胡氏治家略农事编》一书。

《蚕桑宝要》

作者为周春溶。周春溶为清代官员，曾刻《蚕桑宝要》散布众人，以示种植养育之法。至道光年间，其事迹仍为当地百姓所追忆。本书共四卷。

《吴兴蚕书》

作者为高铨。《吴兴蚕书》即《蚕桑辑要》，成书于嘉庆十三年（1808年），所记为当地的栽桑养蚕方法，分上下两卷。道光十一年（1831年），江南镇江府事王青莲为劝课蚕桑，重刊了此书，在序中称赞它"条分缕晰"。光绪十六年（1890年），四川新繁县重刊时，书前由沈锡周写了一篇序，序中赞美此书"精确绝伦"。《吴兴蚕书》比较全面地反映了清代中期太湖地区的蚕桑技术。其稿本曾收藏于吴兴皕宋楼，后为周越然所得。

《劝襄民种桑说》

作者为周凯。道光二年（1822年），周凯出任湖北襄阳知府，任内著《种桑说》三卷，附《饲蚕诗》一卷，提倡种桑养蚕。并派人至浙江采购桑苗8000

余株，移植于汉水之滨；又发动民工疏浚高阳池，受益农田达1000多亩。

《蚕桑杂记》

作者为陈斌。陈斌在嘉庆年间做过安徽省合肥县的知县，大力提倡栽桑育蚕，因而写成此书。《山左蚕桑考》后记中曾有提及，并撮录了书的内容。

《西吴蚕略》

作者为程岱葊。约刊于道光年间的蚕书，其开篇写"道场山人星甫编辑"，道场山人即费南辉，号道场山人，字星甫。书共两卷，上卷述养蚕的全过程，下卷是有关育蚕的杂说和故事。

《南浔蚕桑乐府》

作者董蠡舟。董蠡舟是清学者、藏书家。他通经史，善书画，富藏书，他在每一首乐府诗之前加有小序，记述风俗民情，极为详尽。此书共有二十六首乐府诗，标题分别为：浴蚕、护种、贷钱、糊、收蚕、采桑、稍叶、饲蚕、捉眠、饷食、出䑔、铺地、搭山棚、架草、上山、㸃火、回山、择茧、缫丝、揭茧、作绵、澼絮、生种、望蚕信、卖丝、赛神。

《蚕桑辑要》（不分卷）

作者为郑文同。郑文同曾任兰溪教谕等职，时正当政府号召发展蚕桑事业，他便上了条陈，包括栽桑养蚕方法各十二则，另有杂说四条；后又作治茧缫丝十六则，生种剥绵八则，合为一书，由兰溪知县苏锦霞付刻。国家图书馆、西北农林科技大学中国农业历史文化研究所藏有光绪二十四年（1898年）刻本。

《湖蚕述》

作者为汪曰桢。汪曰桢曾参与重修《湖州府志》，专任蚕桑一门。当时他利用所收集的蚕桑文献资料，略加增删，于1874年写成此书，以便流传。所引用的著作，限于近时近地，很注重书的实用价值。全书共分四卷，主要是辑录的性质，编排井然有序。对栽桑、养蚕、缫丝、卖丝、织绸等一整套生产经验及当时当地群众的一些养蚕习俗，都有详细记述。卷一为总论、蚕具及栽桑；卷二主要为养蚕技术；卷三为择茧、缫丝技术等；卷四为作绵、藏种、卖丝及织绸等。书前有自序，有关章节后还附有乐府诗，充分地反映了湖州的蚕桑技术。

《枝栖小隐桑谱》

作者为高时杰。书成于咸丰年间，收录于汪曰桢所撰的《湖雅》，书中所记述的桑种采收、条播育苗、桑树嫁接、栽桑法、树型养成、施肥、病虫害防治、桑叶收获等方面技术，在清后期均属先进。

《蚕桑辑要》

作者为沈秉成。同治年间，沈秉成曾任江苏省常镇通海道道台，任内以棉布利薄，劝民种桑育蚕，派人去湖州购买桑苗，二十余万株，分给各乡种植，又成立课桑局，博采浙西诸家蚕桑的有关论述，编成《蚕桑辑要》一书，书中有"蚕桑图说"一篇，将湖州常用的蚕桑工具，绘成简图，附以说明，这些简图常为后来出版的蚕书所引用。部分版本后还附有其先辈沈炳震所写乐府诗二十首，分别是护种、下蚕、采桑、饲蚕、捉眠、饷蚕、铺地、山棚、架草、上山、擦火、采茧、择茧、缫丝、剥蛹、作绵、生蛾、布子、相种、赛神，艺术地再现了蚕业的全过程。每首诗之前都写有小序，详细地记述了浙江湖州一带蚕业生产的种种习俗，可谓文理同辉的典范。

其版本有同治十年（1871年）常镇通海道署刻本、光绪元年（1875年）江西书局刻本、光绪八年（1882年）高淳学山书院刻本、光绪九年（1883年）会清书局刻本、光绪九年（1883年）金陵书局刻本（附沈炳震《乐府》一卷）、光绪十四年（1888年）广西刻本（附《乐府》一卷）、光绪二十二年（1896年）江西书局刻本等，农业出版社亦于1960年出版了由郑辟疆校注的版本。

《蚕事要略》

作者为张行孚。书中比较了湖州古今蚕桑技术不同之处，并辨明其优劣，主张择善而从。有清光绪二十一年（1895年）桐庐袁氏刻渐西村舍汇刊本，中国农业大学农史研究室、上海图书馆等处均有藏。

《育蚕要旨》

作者为董开荣。该书刻印于清同治十年（1871年）。全书分浴种、采桑、饲蚕、选茧、缫丝等24条。在食盐浴种收蚁方法，眠起变化，蚕室温湿度调节，眠起前后给桑、除沙、上蔟等方面有较先进的记述。南京农业大学中华农业文明研究院特藏书库藏有其抄本。

《蚕桑说略》不分卷

作者为宗景藩。他于同治年间任湖北蒲圻知县，捐俸银从浙江购"叶厚泽多之鲁桑十万株"，分给民间载植，倡导植桑养蚕织绸。该书内容简要，仅桑说五条，蚕说十条，三千余字，主要是指出蒲地蚕桑生产中存在的问题，然后介绍浙人的做法。

陕西省图书馆藏有同治七年（1868年）安襄郧荆道署刻本，华南农业大学农史研究室藏有同治八年（1869年）常郡公善堂《蚕桑图说合编》本，另有光绪十七年（1891年）上海广文书局石印版，由吴友如绘图，景藩之子承烈（少棠）作序，改名为《蚕桑图说》。

《广蚕桑说辑补》

作者为仲学辂。光绪初年，浙江严州府知府宗源瀚设立蚕局，推广蚕桑，请仲学辂对《广蚕桑说》加以疏通增补，使其内容更加完善，题名为《广蚕桑说辑补》，重新付刻。书中说桑的有19条，说蚕的有66条，条理分明，文字浅显。有渐西村舍本以及根据渐西村舍本排印的丛书集成本，1960年农业出版社出版了由郑辟疆、郑宗元校注的版本。

《蚕桑须知》

作者为黄寿昌。黄寿昌在天台讲学时，见山野桑树，任其盛衰，更无家蚕，乃于光绪七年（1881年）回乡取家桑数百株，依嘉兴的种植法种植，一年后非常繁茂，又于次年买桑数千株在公地上种植，并写出植桑养蚕的方法，印行推广。全书分种桑、养蚕两部分，所记操作技术都来自实践。上海图书馆藏有光绪癸未年（1883年）石印本。

《蚕桑萃编》

作者为卫杰。卫杰曾任职于蚕桑局，他从四川引入蚕种，并选工匠来保定创办蚕桑业，传授种桑养蚕、缫丝织绸之法，编成本书，书前有徐树铭等人的序。

此书成于光绪二十年（1894年），共15卷，卷首为纶音，其次分为稽古、桑政、蚕政、缫政、纺政、染政、织政、绵谱、线谱、花谱等10卷；另有蚕桑缫织图3卷；外记2卷。书中除了对中国古蚕书进行了介绍和评价外，重点叙述了当时中国蚕桑和手工缫丝织染所达到的技术水平，其中有不少反映浙江地区蚕桑和缫丝织染方面水平的资料，如图谱中绘有江浙水纺图，其中所绘的多锭大纺车，反映了当时中国手工缫丝织绸技术的最高成就。在外记第14卷中介绍了英国和法国的蚕桑技术和生产情况；在第15卷中介绍了日本的蚕务。《蚕桑萃编》是研究中国近代蚕桑技术发展的珍贵参考资料。

洛阳市图书馆、西北农林科技大学农业历史研究所、湖北省图书馆等藏有清光绪二十四年（1898年）刻本，首都图书馆、辽宁省图书馆等藏有清光绪二十五年（1899年）刻本，北京图书馆、山东农业大学图书馆等藏有清光绪二十六年（1900年）浙江书局重刻本，中华书局曾于1965年根据浙江书局本排印出版了铅印本。

《广蚕桑说辑补校订》

作者为章震福。光绪三十三年（1907年），章震福对《广蚕桑说辑补》中"未著者发明之，未及者补缀之，较原书增说几十之四"。本书共分四卷，一卷说桑，二卷说蚕，三卷说器具，四卷为杂说并补遗，题名为《广蚕桑说辑补校订》，有光绪三十三年（1907年）农工商部印刷科刊印本行世，藏于中国农业科学院科技文献信息中心等处。

《柞蚕汇志》

作者为董元亮。董元亮曾在东北任官，光绪末年浙江巡抚增韫任命他为劝业道，在浙江试行推广养殖柞蚕，遂著此书。内容为柞树栽培方法十条，春蚕饲养方法九条，秋蚕饲养方法九条，护茧法则四条，缫丝法则六条。有宣统二年商务印书馆铅印本及同年浙江官纸局刻本，前者国家图书馆有藏，后者藏于上海图书馆、浙江图书馆等处。

《柞蚕杂志》

作者为增韫。增韫曾任官于山东、河北,熟悉柞蚕的利用方法,光绪三十四年(1908年)担任浙江巡抚,见杭嘉湖三府蚕桑之利,而浙东山岭绵亘,柞林摧作柴薪,感到可惜,乃与以前同在山东任职、现任浙江劝业道的董元亮商量,将以前《柞蚕汇志》所记方法在严州府的建德县进行试验,取得良好成绩,写成书本。全书有柞树培植法十六则、春蚕饲育法九则、秋蚕饲育法九则、护茧法四则和缲丝法六则,并附有柞树种类的插图。有宣统二年(1910年)浙江官纸局刻本,藏于中国农业科学院科技文献信息中心,此外还有江苏官书局、农工研究会等刻本。

以出版发行。此处还要感谢我的女儿，她以小学生的视角设计了封面的"浙"字，有水有绸还有跨海大桥。虽是一本小书，但也历时四年有余。其间，我们经历了新冠疫情，很多事物似已"物是人非"。哪怕书稿本身，也还有一些遗憾，更有欠缺之处，但我们依然希望大家喜欢这本书，通过她，了解浙江的丝绸文化，领略传统丝绸之美。特别是创作绘制的"浙丝游览地图"是该书的一大亮点，希望看书的读者们按图索骥，不单读万卷书，更能行万里路，"寻丝脉、阅古今"，让传承既有趣又好玩。

茅惠伟

2023年7月于浙江宁波鄞州区

后记

  浙江是中国丝绸的重要产区，拥有悠久而丰富的丝绸文化遗产，既有宁波这个中国古代海上丝绸之路的"活化石"，也有以杭罗、湖州双林绫绢织造技艺等为代表的，被列入世界非物质文化遗产名录的中国蚕桑丝织技艺。近年来学界对于浙江丝绸文化的研究日益重视，但大多数著作偏重学术研究，对于缺少丝绸专业背景的读者来说存在阅读艰涩的困扰。于是，我产生了写本生动活泼的丝绸读本的想法。有次和师姐徐铮聊起，她也很有兴趣。她是个童心未泯的人，喜欢写点有趣好玩的东西。想着大众读者们一定钟情图文并茂的形式，徐铮介绍了中国美术学院科班出身的方舒弘老师一起加入。于是我们三人组成一个小组，试着申报了浙江省社科联的科普课题。谁知那一年第一次采取网上申报的形式，对于新系统毫不熟悉的我们，申报过程麻烦不断，幸好朋友黄宇给了及时雨般的帮助，让我们得以如期申报。最后，我们的课题成功立项。

  课题立项之后，我们即开始分工合作，我负责读本中的前言、第一章、第四章的写作，徐铮负责第二章、第三章和附录1浙江历代蚕桑丝绸著作，方舒弘和她的学生徐茜雅、殷文绮则承担了附录2浙丝游览地图、附录3纹样花园涂色和书中其他手绘插图的工作。其间，我们查询资料，不断完善各处细节，也多次赴书店查阅最新的各类科普读本，在学习、探索中慢慢写作。码字的过程并非一帆风顺，好在书稿逐渐成形，尤其是看着书中生动可爱的卡通人物的诞生，作为作者，也很期盼小书的付梓问世。只是出版过程略显波折，幸获得我的工作单位浙江纺织服装职业技术学院和部门领导冯盈之教授的大力支持，再加上东华大学学报马文娟老师和东华大学出版社张力月编辑的相助，小书得

● 金鸡花蝶纹，纹样出自金鸡花蝶纹金银彩绣绣片

● 福字花卉纹，纹样出自福字花卉纹金银彩绣绣片

● 缠枝花卉纹，纹样出自浙江宁波史嵩之墓出土缠枝花卉纹花绫

● 莲花纹,纹样出自浙江黄岩赵伯澐墓出土交领莲花纹亮地纱袍

● 缠枝葡萄纹，纹样出自浙江黄岩赵伯澐墓出土缠枝葡萄纹绫开档夹裤

● 博古纹，纹样出自博古纹金银彩绣屏风

● 花卉纹，纹样出自花卉纹金银彩绣绣片

● 花鸟纹，纹样出自花鸟纹金银彩绣绣片

附录3：纹样花园涂色

● 博古纹，纹样出自博古纹金银彩绣靠垫套

附录2：浙江丝绸游览地图